Das Himmelsjahr 1982

Sonne, Mond und Sterne
im Jahreslauf

Herausgegeben für den Kosmos
Gesellschaft der Naturfreunde
von Hans-Ulrich Keller
unter Mitarbeit von Erich Karkoschka

Mit 139 Abbildungen

KOSMOS BÜCHER

Astro-Kosmos
Kosmos · Gesellschaft der Naturfreunde
Franckh'sche Verlagshandlung · Stuttgart

Zeichnungen von Hans-Hermann Kropf nach Vorlagen des Verfassers

Umschlag von Edgar Dambacher

Abb. 1. Saturnmond Dione von Voyager 1 am 12. November 1980 aus 162 000 Kilometer Entfernung aufgenommen. Der größte Krater hat knapp 100 Kilometer Durchmesser und einen Zentralberg (Aufnahme: Jet Propulsion Laboratory/Archiv Planetarium Stuttgart).

Franckh'sche Verlagshandlung, W. Keller & Co., Stuttgart/1981

Printed in Germany / Imprimé en Allemagne / L 10kr Hrr / ISBN 3-440-04989-2
Gesamtherstellung: Brönner & Daentler KG, Eichstätt

Das Himmelsjahr

Das Himmelsjahr –
ein Führer für den Sternfreund

Für jeden, der an den Vorgängen am gestirnten Himmel – aus welchem Grunde auch immer – interessiert ist, soll das Himmelsjahr als Leitfaden für eigene Beobachtungen dienen. Der eine möchte die Sonnenscheindauer und Mittagshöhe der Sonne kennen, ein anderer interessiert sich für die Mondphasen oder möchte wissen, wann die nächste totale Mondfinsternis stattfindet. Welcher helle Stern leuchtet da im Westen am Abendhimmel? In welchem Monat sind viele Sternschnuppen zu sehen? Wann kann Mars, der rote Planet, beobachtet werden? Diese und viele andere Fragen soll ein Blick ins Himmelsjahr rasch klären helfen. Aber auch der fortgeschrittene Sternfreund findet in diesem Buch nützliche Hinweise für seine Beobachtungen, wie etwa die Kleinplanetenephemeriden oder die Minima von Veränderlichen Sternen.

Das Himmelsjahr soll kein astronomisches Jahrbuch sein, vollgestopft mit Tabellen und Formeln, die nur dem Fachmann etwas sagen. Jedermann soll sich in möglichst einfacher und klarer Form über die wichtigsten astronomischen Ereignisse des Jahres informieren können. Diese bewährte Form der Darstellung hat dem Himmelsjahr seit langem einen großen Freundeskreis gesichert. Jahrzehntelang hat dankenswerterweise Max Gerstenberger in mühevoller Kleinarbeit Text und Tabellen zusammengestellt. Der Verfasser, der auf Wunsch des Verlages die Bearbeitung des Himmelsjahres nun übernommen hat, war daher bemüht, die bewährte Form und Gestaltung möglichst beizubehalten. Einige kleine Änderungen sollen der noch leichteren Lesbarkeit und besseren Orientierung des Lesers dienen. Sie sind in den „Erläuterungen zum Gebrauch" ausführlich erklärt. „Alte Hasen" können die Erläuterungen überschlagen, Anfänger hingegen mögen sie aufmerksam durchlesen – zum leichteren und effektiveren Gebrauch des vorliegenden Jahrbuchs.

Die Grundlagen für das Himmelsjahr stammen vom Bureau des Longitudes, Paris (Dr. J.E. ARLOT), vom Greenwich Observatory (Dr. L.V. MORRISON) sowie vom Astronomischen Recheninstitut Heidelberg (Dr. T. LEDERLE, Dr. H. SCHOLL). Allen Damen und Herren sei an dieser Stelle für die freundliche Hilfe herzlich gedankt.

Die Ephemeriden von Sonne, Mond, Planeten und Planetoiden sowie Sichtbarkeitszeiten wurden mit dem Mikrocomputer des Planetariums Stuttgart berechnet. Die Programmierung und Berechnung führte Erich KARKOSCHKA durch, der auch alle Korrekturen gelesen und durch seinen Rat wesentlich zur Gestaltung des Himmelsjahres beigetragen hat. Ihm gehört mein besonderer Dank.

Hans-Ulrich Keller

Das Jahr 1982

Das Jahr 1982 ist nach dem Gregorianischen Kalender ein Gemeinjahr zu 365 Tagen. Der Frühling (Tagundnachtgleiche) beginnt am 20. März um 23^h56^m, der Sommer (Sonnenwende) am 21. Juni um 18^h23^m, der Herbst (Tagundnachtgleiche) am 23. September um 9^h46^m und der Winter (Sonnenwende) am 22. Dezember um 5^h39^m. Der längste Tag des Jahres mit 16^h23^m ist der 21. Juni, der kürzeste mit 8^h05^m der 22. Dezember.
Der Neujahrstag (1. Januar) fällt auf einen Freitag, Aschermittwoch ist am 24. Februar, Ostersonntag am 11. April, Himmelfahrt am 20. Mai, Pfingstsonntag am 30. Mai und Fronleichnam am 10. Juni. Der 17. Juni (Tag der deutschen Einheit) fällt auf einen Donnerstag. Buß- und Bettag ist am Mittwoch, 17. November, der 1. Advent am Sonntag, 28. November. Der erste Weihnachtsfeiertag (25. Dezember) fällt auf einen Samstag und Silvester (31. Dezember) auf einen Freitag.
Das jüdische Neujahrsfest des Jahres 5743 wird am 18. September 1982 begangen. Am 19. Oktober 1982 beginnt das Jahr 1403 des mohammedanischen Kalenders. In der Byzantinischen Ära schreibt man das Jahr 7491 und die Japaner haben das Jahr 2642.
Das Jahr 1982 entspricht dem Jahr 6695 der Julianischen Periode. Der 1. Januar 1982 (0^h Weltzeit = 1^h Mitteleuropäischer Zeit) hat die Julianische Tagesnummer 2 444 970.5.
Der Sonntagsbuchstabe ist C, der Sonnenzirkel 3, die Epakte 5 und die Goldene Zahl VII (zur näheren Erläuterung der genannten Begriffe siehe Max Gerstenberger, Astronomie-Stichworte. Stuttgart 1980).
1982 ist ein finsternisreiches Jahr. Vier partielle Sonnenfinsternisse und drei totale Mondfinsternisse finden statt. Von diesen Finsternissen sind nur die totale Mondfinsternis vom 9. Januar und die partiellen Sonnenfinsternisse vom 20. Juli und vom 15. Dezember vom deutschsprachigen Raum aus sichtbar.

Erläuterungen zum Gebrauch

Wer in einer wirklich klaren Nacht fernab von jeder störenden irdischen Lichtquelle den sternenübersäten Himmel betrachtet, ist leicht verwirrt. Scheinbar unzählige Lichtpünktchen funkeln am samtschwarzen Firmament. Doch die Astronomen haben Ordnung in dieses Sternengewimmel gebracht. Sich am Sternenzelt zurechtzufinden, ist leichter, als mancher denken mag.
Die vielen Sterne, die man in einer mondlosen Nacht zu sehen bekommt, sind fast ausnahmslos Sonnen, also heiße, selbstleuchtende Gasbälle, gewissermaßen Geschwister unserer eigenen Sonne. Sie prägen dem Himmel ein scheinbar unveränderliches Muster auf, d. h. ihre gegenseitigen Positionen bleiben unverändert; man nennt sie daher Fixsterne. Die Phantasie der Menschen erkannte schon in alter Zeit in der zufälligen Anordnung der Sterne die Gestalten von Menschen, Tieren oder Gegenständen, eben die Sternbilder. Das Beispiel des Großen Wagens ist wohl jedem bekannt. Seine Form ändert sich nicht, jahraus jahrein erkennen wir ihn in gleicher Gestalt.

Das Aussehen des Sternhimmels verändert sich jedoch von Stunde zu Stunde. Da die Erde sich dreht, gehen die Sterne ebenso wie Sonne und Mond auf und unter. Am Morgenhimmel sind andere Sternbilder zu sehen als am Abendhimmel. Da die Sonne im Laufe eines Jahres durch die Tierkreissternbilder wandert, ist der Himmelsanblick auch jahreszeitlich immer wieder verschieden.

Schließlich kommt es noch auf den Beobachtungsort auf der Erde an, welche Sterne zu sehen sind. In anderen geographischen Breiten sieht der Himmel entsprechend verschieden aus. Das berühmte Kreuz des Südens beispielsweise ist bei uns in Mitteleuropa nie zu sehen.

Im Himmelsjahr ist das Bild des abendlichen Fixsternhimmels für jeden Monat beschrieben. Eine Sternkarte erleichtert die Übersicht. Außerdem ist die Stellung des Himmelswagens um 22^h MEZ für jeden Monat aus einer Graphik ersichtlich. Der Himmelswagen ist in jeder klaren Nacht zu beobachten, da er bei uns zirkumpolar ist, also niemals untergeht.

Während die Fixsterne ihre Stellungen zueinander nicht ändern, sondern nur gemeinsam infolge der Erdrotation über das Firmament ziehen, gibt es Gestirne, die ihre Position im Laufe von Wochen und Monaten ändern. Man nennt sie Wandelsterne oder Planeten (griech.: πλανάομαι = umherirren). Sie sind Geschwister unserer Erde, die ebenfalls ein Planet ist. Mit freiem Auge sind fünf Planeten zu sehen: Merkur, Venus, Mars, Jupiter und Saturn. Nach Erfindung des Fernrohres wurden noch drei weitere entdeckt: Uranus, Neptun und Pluto. Somit sind heute neun große Planeten bekannt, die die Sonne, das Zentralgestirn, umkreisen.

Wer die Sternbilder kennt, dem fällt ein Planet sofort als nicht dazugehöriges, gewissermaßen fremdes Gestirn auf. Ferner flimmern Planeten im Unterschied zu den punktförmigen Fixsternen nicht oder kaum, sie glänzen ruhig im geborgten Sonnenlicht. Die Planeten laufen ziemlich genau in einer Ebene um die Sonne, die von der Erdbahn aufgespannt wird. Diese Erdbahnebene entsteht also durch den Umlauf der Erde um die Sonne. Sie heißt auch Ekliptikebene.

Von der Erde aus gesehen wandert somit die Sonne in einem Jahr durch die bekannten Sternbilder des Tierkreises. Der Wanderweg der Sonne heißt Ekliptik. Mond und Planeten bewegen sich ebenfalls in der Nähe der Ekliptik. Sie sind daher stets in den Tierkreissternbildern zu finden. Niemals kann beispielsweise die Venus im Großen Bären gesehen werden!

Ein Wort zu den Dimensionen im Weltall: Gibt man sie in Kilometern an, so erhält man die berühmten „astronomischen" Zahlen, Ungetüme mit vielen Nullen, die kaum aussprechbar sind und unter denen man sich gar nichts mehr vorstellen kann. Anschaulicher werden die Entfernungen im Kosmos, nimmt man die Reisegeschwindigkeit des Lichtes zu Hilfe: Pro Sekunde legt ein Lichtstrahl 300 000 km zu-

Abb. 2. Milchstraßenausschnitt im Sternbild Adler.

Abb. 3. Spiralnebel M 81 im Großen Bären. Dieses Milchstraßensystem ist rund 10 Millionen Lichtjahre von uns entfernt.

rück, das ist fast die Strecke von der Erde zum Mond. Von der Sonne zur Erde sind es 8⅓ Lichtminuten, dies entspricht 150 Millionen Kilometern. Die Entfernung Erde – Sonne wird auch Astronomische Einheit (AE) genannt. Sie ist die Basis für astronomische Entfernungsmessungen.
Bis zum fernsten Planeten unseres Sonnensystems, dem Pluto, ist ein Lichtquant der Sonne immerhin schon sechs Stunden unterwegs. Danach beginnt der Abgrund der Fixsternräume. Schon die nächsten Sterne, also Nachbarsonnen unserer eigenen, sind so weit weg, daß das Licht Jahre braucht, um die gewaltigen Distanzen zu überbrücken. In einem Jahr legt das Licht 9 460 000 000 000 km zurück, also fast zehn Billionen Kilometer. Sirius im Sternbild Großer Hund, ein sehr naher Stern, ist beispielsweise „nur" neun Lichtjahre entfernt. Die meisten Sterne sind aber Dutzende, Hunderte und Tausende von Lichtjahren weit weg.
Alle Sterne am Himmel gehören zu einem riesigen System, zur Milchstraße. Als Sternenschwarm von 100 Milliarden Sonnen bildet sie einen gewaltigen Diskus mit 100 000 Lichtjahren Längsdurchmesser und 30 000 Lichtjahren Querdurchmesser. Zwischen den Sternen schweben Staub und Gaswolken, sogenannte interstellare Materie. Von den Milliarden Sternen der Milchstraße sehen wir in einer klaren Nacht aber nur etwa 3 000 bis 4 000 Sterne, also nicht einmal ein Tausendstel eines Promilles aller Sterne.
Doch die Milchstraße ist nicht das einzige Sternensystem im Universum. Es gibt Milliarden solcher Milchstraßen oder Galaxien, wie sie auch heißen. Schon mit bloßem Auge kann man im Sternbild der Andromeda ein schwaches Lichtfleckchen erkennen: unsere Nachbarmilchstraße, den berühmten Andromedanebel. Über zwei Millionen Jahre ist das Licht dieser Sterne zu uns unterwegs. Andere Galaxien oder Spiralnebel stehen viele Millionen, ja Milliarden Lichtjahre tief im Raum – für unsere Begriffe unvorstellbar weit weg.

Sterne, Sternbilder und Sternkarten

Je nach Phantasie und Kultur haben die einzelnen Völker Sterne und Sternbilder unterschiedlich benannt. Die alten Chinesen kannten einen anderen Tierkreis, als wir ihn nun benutzen. Der Große Wagen wiederum heißt bei den Amerikanern „big dipper", große

Schöpfkelle. Die meisten Sternbilder, die wir in den Sternkarten finden, stammen aus der griechisch-römischen Mythologie, viele haben ihre Wurzel im babylonischen Kulturkreis, einige kamen im Mittelalter hinzu. Die Sternbilder des Südhimmels wurden erst in der Neuzeit von den Entdeckern benannt.

Damit keine Verwirrung aufkommt, hat die Internationale Astronomische Union (IAU) für die gesamte Himmelskugel 88 Sternbilder festgelegt, die für alle Astronomen und Sternfreunde verbindlich sind. Diese 88 Sternbilder haben lateinische Namen und jeweils eine Abkürzung von drei Buchstaben, Beispiel: der Krebs, lat. Cancer, Abkürzung: Cnc. Die vollständige Liste der 88 Sternbilder ist auf Seite 122 zu finden. Waren früher die Grenzen zwischen den einzelnen Sternbildern unklar oder fließend, so sind die durch IAU-Beschluß festgelegten Sternbilder durch die rechtwinkligen, äquatorialen Himmelskoordinaten (Rektaszension und Deklination) eindeutig abgegrenzt.

In alten Himmelsatlanten findet man denn auch recht hübsch und phantasiereich ausgeschmückte Darstellungen der einzelnen Himmelsfiguren (Abb. 4). Moderne Sternkarten zeigen nur noch Namen und Koordinatengrenzen eines Sternbildes, aber keine figürliche Darstellung mehr (Abb. 5).

Für den Anfänger auf dem Gebiet der Himmelskunde empfehlen sich zur ersten Orientierung die Sternkarten in dem KOSMOS-Band „Welcher Stern ist das?“ von W. WIDMANN und K. SCHÜTTE. Der Himmelsatlas Tabulae Caelestes von SCHAIFERS, SCHURIG, GÖTZ enthält alle Sterne, die mit freiem Auge sichtbar sind (Grenzgröße $6\frac{1}{3}$).

Für Sternfreunde mit Fernrohren seien folgende Sternatlanten genannt:

Atlas of the Heavens (Atlas Coeli 1950.0) von Antonin BEČVÁR (geht bis 7^m,75).

Falkauer Atlas von Hans VEHRENBERG (Fotografischer Sternatlas bis 13^m,0 Grenzgröße).

Atlas Borealis, Eclipticalis und Australis von Antonin BEČVÁR (farbige Darstellung der Sterne nach ihrem Spektraltyp, Grenzgröße 10^m,0).

Atlas Stellarum von Hans VEHRENBERG (Grenzgröße etwa 15^m).

Nur die hellsten oder auffällige Sterne, die beispielsweise periodisch ihre Helligkeit ändern, haben Eigennamen erhalten. Diese stammen häufig von den Arabern, die in klaren Wüstennächten eifrig den Himmel beobachteten. So heißen die beiden hellsten Sterne im Wintersternbild Orion Beteigeuze und Rigel oder der berühmte veränderliche Stern im Perseus Algol.

Etwas systematischer hat Johannes BAYER im Jahre 1603 die Sterne bezeichnet, nämlich mit griechischen Buchstaben und dem Genitiv des lateinischen Sternbildnamens. So bekommt der hellste Stern in der Leier die Bezeichnung α

Abb. 4. Sternbild Großer Bär in der phantasievoll ausgeschmückten Sternkarte von J. E. Bode aus dem Jahre 1782.

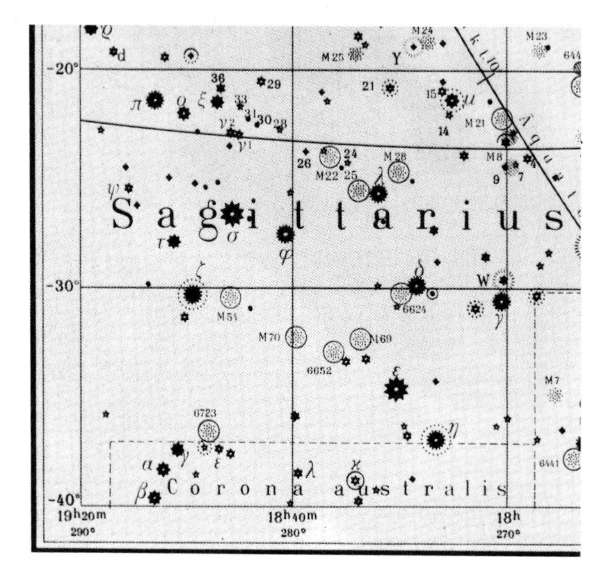

Abb. 5. Ausschnitt aus einer modernen Sternkarte (Tabulae Caelestes von Schurig/Götz/Schaifers).

Lyrae (oder kurz α Lyr), der zweithellste β Lyrae, der dritthellste γ Lyrae usw. Die Helligkeitsfolge ist aber nicht immer streng eingehalten, manchmal hat die Mythologie Vorrang. Von den beiden hellen Zwillingssternen trägt der hellere Pollux die Bezeichnung β Gemini, der etwas schwächere Kastor α Gemini.

Bei Doppelsternen wird gelegentlich noch ein Index an den griechischen Buchstaben angehängt. Beispiel: ε_1 und ε_2 Lyrae, der berühmte Vierfachstern in der Leier (jede Komponente ist ihrerseits ebenfalls ein Doppelstern). Die 24 griechischen Buchstaben (siehe Seite 15, griechisches Alphabet) pro Sternbild reichen natürlich nicht aus, um alle Sterne zu benennen. Sie sind gewissermaßen nur ein Tropfen auf einen heißen Stein. Bei schwächeren Sternen gibt man die Katalognummer an, in dem sie verzeichnet sind oder einfach die genauen Koordinaten.

Beispiele für Katalognummern: BD +52°1312 bedeutet Stern Nummer 1312 in der Deklinationszone von +52° bis +53° der sogenannten Bonner Durchmusterung. HD 128974, Stern aus dem Henry-Draper-Katalog, SAO 146912, Stern aus dem Smithsonian Astrophysical Observatory Star Catalog, FK4: 1051, Stern aus dem 4. Fundamental-Katalog.

Sterne, deren Helligkeit variiert, werden häufig mit großen lateinischen Buchstaben + Sternbildnamen versehen: RR Lyrae, T Coronae Borealis. Man kann somit aus der Bezeichnung auf die Eigenart dieser Sterne schließen.

Sterngruppen und Nebel

Schon mit bloßem Auge entdeckt man im Sternbild Stier ein Grüppchen von sechs bis neun Sternen, bekannt unter dem Namen Siebengestirn oder Plejaden. Sucht man den Himmel mit Feldstecher oder Fernrohr ab, so findet man zahlreiche derartige Gruppen. Sie werden schlicht Sternhaufen genannt. Man unterscheidet offene und kugelförmige Sternhaufen: Offene Sternhaufen enthalten Dutzende bis einige hundert Sterne, die alle einzeln als Lichtpunkte erkennbar sind; Kugelhaufen haben Hunderttausende bis Millionen Mitgliedssterne und sind als verwaschene, kreisrunde Lichtfleckchen zu sehen. Nur die Randpartien sind in Einzelsterne auflösbar, im Zentrum stehen die Sterne zu dicht, um als einzelne Lichtpunkte erkannt zu werden.

Zwischen den punktförmigen Sternen zeigen sich auch nebelhafte Gebilde. Da diese

Abb. 6. Der offene Sternhaufen der Praesepe im Sternbild Krebs.

„Nebel“ ihre Positionen unter den Sternen beibehalten, sind sie keine Erscheinungen in der Erdatmosphäre, sondern astronomische Objekte. Bei den Nebeln gilt es zwei Kategorien auseinanderzuhalten. Einmal beobachten wir tatsächlich Staub- und Gasmassen zwischen den Sternen unserer Milchstraße, wie zum Beispiel im Sternbild Orion den berühmten Orionnebel. Andere nebelhafte Lichtfleckchen lassen sich jedoch mit sehr großen Teleskopen in einzelne Sterne auflösen. Hier sieht man fremde, ferne Milchstraßensysteme; das Licht von Milliarden Sternen wird von uns nur als schwaches Nebelfleckchen registriert, wie beispielsweise beim Andromedanebel. Wegen ihrer häufig spiraligen Gestalt spricht man auch von Spiralnebeln oder Galaxien (griech.: γαλάξις = Milchstraße).

Der französische Astronom Charles MESSIER (1730–1817) hat einen Katalog mit über hundert Sternhaufen und Nebeln zusammengestellt. Sternfreunde benutzen noch heute seine Katalognummern: der Orionnebel wird z. B. mit M42, der Andromedanebel mit M31, der Kugelhaufen im Herkules mit M13 bezeichnet.

Wesentlich umfangreicher ist der Katalog von John L.E. DREYER mit dem Namen „New General Catalogue of Nebulae and Clusters of Stars“, abgekürzt mit NGC. Später erschienen noch zwei Ergänzungen („Index – Catalogue I und II“, kurz IC I und IC II), und schließlich der überarbeitete „Revised New General Catalogue“ (RNGC). Daher trägt der Andromedanebel M31 auch die Bezeichnung NGC 224.

Abb. 7. Kugelförmiger Sternhaufen M 13 im Sternbild Herkules.

Die Helligkeit der Sterne

Seit altersher teilt man die Sterne in sogenannte Größenklassen ein. Man sagt, der Polarstern sei ein Stern zweiter Größe. Diese Größenklassen geben nicht den Durchmesser oder die wahre Leuchtkraft der Sterne an, sondern ihre scheinbare Helligkeit am Himmel. Sterne erster Größe sind dabei heller als solche zweiter Größe. Ein schwaches Sternpünktchen sechster Größe ist eben noch vom unbewaffneten Auge zu erkennen. Ein Stern erster Größe ist dabei hundertmal heller als ein Stern sechster Größe. Daraus folgt, daß ein Stern 2. Größe 2,512mal lichtschwächer ist als ein Stern 1. Größe. Ein Stern 3. Größe wiederum ist 2,512mal lichtschwächer als ein Stern 2. Größe usw., denn $2{,}512^5 = 100$. Die Größenklassenskala ist somit ein logarithmisches Maß.
Als Abkürzung verwendet man ein kleines, hochgestelltes ^{m} für magnitudo (lat.) = Größe. Sterne, die heller als 1^m sind, bezeichnet man mit 0^m, -1^m, -2^m usw. Die Venus kann -4^m hell sein, was bedeutet, daß sie dann hundertmal heller strahlt, als ein Stern erster Größe, also mit 1^m! Mit Teleskopen lassen sich auch Sterne beobachten, die schwächer sind als 6^m.
In einem guten Fernglas sind Sterne bis 10^m ohne weiteres erkennbar. In großen Teleskopen werden Sterne bis 21^m beobachtet, also Objekte, die eine Million mal lichtschwächer sind als die schwächsten, dem menschlichen Auge zugänglichen Sterne mit 6^m.
Stünden alle Sterne gleich weit entfernt, sozusagen in einer Normentfernung, dann entspräche die beobachtete scheinbare Helligkeit auch ihrer wirklichen Leuchtkraft. Eine solche Normentfernung wurde mit 10 Parsek (knapp 33 Lichtjahre) festgelegt. Man rechnet nun die Helligkeit aus, die ein Stern in 10 Parsek Entfernung hätte, und bezeichnet diese Größe als „absolute Helligkeit“ oder „wahre Leuchtkraft“ eines Sternes. Um die absolute nicht mit der scheinbaren Helligkeit zu verwechseln, wird sie mit einem großen M (Magnitudo) abgekürzt. Beispiel: Unsere Sonne hat die enorme scheinbare Helligkeit von -27^m am Firmament und eine absolute Helligkeit von $+4^M{,}8$. Das heißt, in 33 Lichtjahren Entfernung erschiene uns die Sonne nur noch als Sternchen 5. Größe!
Anmerkung: Da ^{m} auch für Minute steht, ist aus dem Textzusammenhang zu entnehmen, ob Helligkeiten oder Zeiten bzw. Koordinaten gemeint sind.

Zeitangaben

Alle Uhrzeiten im Himmelsjahr sind grundsätzlich in Mitteleuropäischer Zeit (MEZ) angegeben, also in der Zeit, die wir am Handgelenk tragen oder an öffentlichen Uhren überall ablesen können.
Die mitteleuropäische Zeit ist die mittlere Sonnenzeit des Meridians 15° östlich von Greenwich (Nullmeridian). Sie geht gegenüber der Weltzeit (UT = Universal Time oder GMT = Greenwich Mean Time) um eine Stunde vor. Es gilt:
Weltzeit plus eine Stunde = MEZ
Wenn es in Greenwich Mitternacht ist (0^h), dann haben wir schon 1^h (MEZ) morgens.

Für ortsabhängige Angaben (z. B. Auf- und Untergänge) gelten alle Zeiten genau für einen Ort 10° östlich von Greenwich (Nullmeridian der Erde) und 50° nördlicher Breite. Dieser Punkt liegt für Westdeutschland ziemlich zentral.

Sommerzeit

Die Sommerzeit ist eine willkürliche Verschiebung der Zonenzeit um eine Stunde, um die Tageshelle besser auszunutzen und (angeblich) Energie einzusparen. Sie beruht nicht auf astronomischen Grundlagen und ist außerdem von Staat zu Staat verschieden. Um die Benutzer des Himmelsjahres nicht zu verwirren, sind alle Angaben das ganze Jahr durchgehend in MEZ vermerkt.
Es gilt: MEZ plus eine Stunde = MESZ (Mitteleuropäische Sommerzeit).
Gilt in einem Land die Sommerzeit, so ist zu den Zeitangaben im Himmelsjahr einfach eine Stunde zu addieren. Beispiel: Der Mondaufgang am 1. Juni 1982 findet laut Tabelle „Mondlauf im Juni" um 14^h42^m MEZ statt und somit um 15^h42^m Sommerzeit (MESZ).
Achtung: Fällt ein Ereignis in die letzte Stunde vor Mitternacht, so ändert sich auch das Datum um einen Tag. Beispiel: Der Monduntergang erfolgt am 27. August 1982 um 23^h26^m MEZ, zählt man eine Stunde hinzu, erhält man 0^h26^m MESZ am 28. August.

Auf- und Untergangszeiten

Alle Auf- und Untergangszeiten (MEZ) gelten exakt für 10° östlicher Länge und 50° nördlicher Breite. Für andere Orte können diese Zeiten erheblich differieren (bis etwa ½ Stunde). Um schnell auch für andere Orte die Auf- und Untergänge ermitteln zu können, ist auf der ersten Umschlaginnenseite die Zeitdifferenz abzulesen.
Man bestimmt dazu zunächst die geographische Position seines Beobachtungsortes (siehe Umschlaginnenseite). In der dritten Spalte ist der Zeitunterschied der Ortszeit zum Meridian 10° östlicher Länge angegeben. Man korrigiert zunächst in Länge. Positive Werte sind den Auf- und Untergangszeiten hinzuzufügen, negative abzuziehen. Für Stuttgart findet man z. B. $+3^m$, für München -6^m.
Damit hat man die Differenz in geographischer Länge ausgeglichen. Leider sind die Auf- und Untergangszeiten auch (und für die langgestreckte Bundesrepublik in viel stärkerem Maße als von der Länge) von der geographischen Breite abhängig und zu allem Überfluß auch noch von der Deklination des Gestirns! Um langwierige Rechnungen zu ersparen, ist das Nomogramm auf Seite 128 gedacht. Die waagrechte Achse (Abszisse) enthält alle Deklinationswerte von -30° bis $+30^\circ$, für Sonne, Mond und Planeten also völlig ausreichend. Man schlägt die Deklination des Gestirns nach, und sucht den Schnittpunkt der Deklination mit der Linie, die der geographischen Breite des eigenen Beobachtungsortes am nächsten kommt. An der senkrechten Achse (Ordinate) kann dann links die Korrektur in Minuten für die Aufgangszeiten und rechts für die Untergangszeiten direkt abgelesen werden.
Beispiel: Sonnenaufgang in Stuttgart am 21. Januar. Dem Himmelsjahr entnehmen wir 8^h08^m. Die Korrektur in Länge haben wir weiter oben schon bestimmt: $+3^m$. Die Aufgangszeit lautet somit 8^h11^m.
Die geographische Breite von Stuttgart beträgt (siehe Umschlagseite) knapp $+49^\circ$. Die Sonne hat, wie aus dem Sonnenlauf im Januar zu entnehmen, am 21. -20° Deklination. Wir lesen im Nomogramm ab: knapp -4^m. Um diese vier Minuten erfolgt der Aufgang früher, das Ergebnis lautet somit: 8^h07^m MEZ.
Wer will, kann für seinen Heimatort (ständigen Beobachtungsort) die Ordinate (senkrechte Achse) um die stets gleichbleibende Längendifferenz verändern: Man addiere einfach zu den angegebenen Minutenzahlen den Längenkorrekturwert. Um beim Beispiel Stuttgart zu

bleiben: An der 50°-Linie stünde links dann 3^m statt 0^m, darüber -2^m statt -5^m, darunter $+8^m$ statt $+5^m$. Ferner kann man auch eine Interpolationskurve mit der genauen geographischen Breite seines Heimatortes selbst einzeichnen.
Da durch den natürlichen Horizont (Häuser, Bäume, Berge, etc.) die Auf- und Untergangszeiten ohnedies mit einem gewissen Spielraum zu versehen sind, kann man auf die Korrektur auch ganz verzichten, wenn man keine große Genauigkeit benötigt.

Sternzeit

Unser tägliches Leben richtet sich nach der Sonne, ebenso unsere bürgerliche Zeitrechnung. An unserer Uhr am Handgelenk lesen wir somit „Sonnenzeit" ab. Steht die Sonne im Süden, dann haben wir zwölf Uhr Mittag. Eine Stunde später ist es ein Uhr nachmittags, wieder eine Stunde später zwei Uhr nachmittags usw. Die Sonnenzeit wird also am Stundenwinkel der Sonne gemessen.
Die Sonne steht jedoch nicht fest, sondern wandert im Laufe eines Jahres durch die Tierkreissternbilder. Um aber mit dem Fernrohr ein bestimmtes Gestirn zu finden, muß man die Stellung des Beobachters auf der Erde zu einer bestimmten Uhrzeit des Tages relativ zur Fixsternwelt kennen. Man braucht also einen „ruhenden" Punkt unter den Sternen. Dafür hat man den Frühlingspunkt ausgewählt. Er ist der Schnittpunkt der aufsteigenden Sonnenbahn mit dem Himmelsäquator. Im Frühlingspunkt steht die Sonne zu Frühlingsbeginn. Er ist auch der Nullpunkt der äquatorialen Himmelskoordinaten. Nimmt man statt der Sonne den *unter den Fixsternen* feststehenden Frühlingspunkt, erhält man statt der Sonnen- die Sternzeit.
Steht der Frühlingspunkt im Süden (Meridian), spricht man von 0^h Sternzeit, eine Stunde später von 1^h Sternzeit usw. Es gilt: Sternzeit = Stundenwinkel des Frühlingspunktes.
Im Himmelsjahr ist die Sternzeit jeweils für 1^h MEZ (= 0^h Weltzeit) von fünf zu fünf Tagen für den Meridian von Greenwich (Nullmeridian) angegeben.
Wozu dient nun die Sternzeit? Damit der Sternfreund sein Teleskop „nach Koordinaten" einstellen kann! Die Deklination wird direkt an einem Teilkreis eines parallaktisch montierten Fernrohres abgelesen. Der andere Teilkreis ist der Stundenkreis. Um den Stundenwinkel eines Gestirns zu ermitteln, bilde man die Differenz: Sternzeit minus Rektaszension des Gestirns, dann hat man den Stundenwinkel zum Beobachtungszeitpunkt und kann das Teleskop entsprechend einstellen.
Ein Beispiel möge den Gebrauch der Sternzeit veranschaulichen. Der Planet Uranus – mit freiem Auge nicht zu sehen – soll „blind", d. h. mit den Teilkreisen eines parallaktisch montierten Fernrohres, eingestellt werden. Beobachtungszeit: 4. August, 22^h MEZ (= 23^h Sommerzeit). Die äquatorialen Koordinaten für Uranus lauten $\alpha = 15^h54^m$, $\delta = -20°,1$. Die Deklination kann gleich eingestellt werden. Die Sternzeit betrug um 1^h MEZ in Greenwich (Nullmeridian) 20^h49^m. Inzwischen ist es aber 22 Uhr MEZ, es sind also noch 21^h hinzuzufügen: $20^h49^m + 21^h = 17^h49^m$. Da ein Sterntag knapp 4 Minuten kürzer ist als ein Sonnentag, ist pro 6^h Zeitdifferenz eine Minute hinzuzufügen. Für 21^h kann man ruhig 4^m nehmen, wir erhalten 17^h53^m. Minutengenauigkeit reicht hier völlig aus.
17^h53^m Sternzeit ist es somit um 22^h MEZ für den Meridian von Greenwich! Liegt der Beobachtungsort östlich, so geht der Frühlingspunkt hier früher durch den Meridian, es ist also schon später. Die Längendifferenz ist im Zeitmaß zu addieren: für Stuttgart beispielsweise 37^m. Um 22^h MEZ haben wir in Stuttgart am 4. August somit 17^h53^m (Sternzeit

Greenwich) +37^m (Längendifferenz Stuttgart – Greenwich) = 18^{h}30^m Ortssternzeit. Zieht man davon die Rektaszension (α) von Uranus ab, so erhält man den Stundenwinkel des Uranus um 22^h: 18^{h}30^m – 15^{h}54^m = 2^{h}36^m. Dieser Wert ist nun am Stundenkreis einzustellen. Ein Blick durchs Okular sollte Uranus erkennen lassen.

Das griechische Alphabet

Α α	Alpha	a	Η η	Eta	e	Ν ν	Nü	n	Τ τ	Tau	t
Β β	Beta	b	Θ ϑ	Theta	th	Ξ ξ	Xi	x	Υ υ	Ypsilon	y
Γ γ	Gamma	g	Ι ι	Jota	j	Ο ο	Omikron	o	Φ φ	Phi	ph
Δ δ	Delta	d	Κ ϰ	Kappa	k	Π π	Pi	p	Χ χ	Chi	ch
Ε ε	Epsilon	e	Λ λ	Lambda	l	Ρ ϱ	Rho	r	Ψ ψ	Psi	ps
Ζ ζ	Zeta	z	Μ μ	Mü	m	Σ σ ς	Sigma	s	Ω ω	Omega	o

Der Sonnenlauf

Die Bewegung der Sonne durch den Tierkreis ist zu Beginn jeder Monatsübersicht aus einer kleinen Graphik zu entnehmen. Die Grenzen der Sternbilder sind eingetragen sowie die wichtigsten Bahnpunkte der Sonne.
Die Tages- und Nachtstunden sowie Dämmerungslängen werden durch eine dreiteilige Zeichnung (Uhrensymbole) veranschaulicht. Diese soll einen groben und schnellen Überblick über die Länge der Tages- und Nachtzeit geben. Für die Dämmerungszeiten wurde die nautische Dämmerung (Sonne 12° unter dem Horizont) eingesetzt.
Die Tabelle *Sonne* gibt die Auf- und Untergangszeiten, sowie die Mittagsstellung (Meridiandurchgang = Kulmination) der Sonne an, sowie die äquatorialen Koordinaten Rektaszension und Deklination jeweils von fünf zu fünf Tagen (für 1^h MEZ).
Die Zeiten gelten exakt für einen zentralen Ort mit 10° östlicher Länge und 50° nördlicher Breite. In der letzten Spalte ist die Sternzeit um 0^h Weltzeit = 1^h MEZ für den Nullmeridian (Greenwich) angegeben (siehe auch „Sternzeit").

Sonnenhöhe zu Mittag

Sie ist einfach zu ermitteln: 90° minus geographische Breite des Beobachters plus der Sonnendeklination.
Beispiel: Wie hoch steht die Sonne am 16. Mai zu Mittag (Kulmination) in Düsseldorf (geographische Breite: +51°)? 90° – 51° + 19° = 58°.
Im Winterhalbjahr ist die Deklination abzuziehen (negative Werte!).

Zeitgleichung

Die Sonnenzeit wird nach einer fiktiven „mittleren Sonne" gerechnet. Die wahre Sonne läuft nämlich ungleichförmig. So geht sie einmal vor, dann wieder nach. Die Differenz kann bis zu einer Viertelstunde plus oder minus betragen. Diese Differenz wird Zeitgleichung genannt. Sie ist definiert zu: Wahre Sonnenzeit minus Mittlerer Sonnenzeit = ZGL.
Bisher war die Zeitgleichung im Himmelsjahr immer eigens angegeben. Dies ist nicht mehr nötig, da ab diesem Jahr die Kulminationen der Sonne tabellarisch aufgeführt sind. Wer den

Wert der Zeitgleichung wissen will, ziehe von 12^h20^m die Kulminationszeit ab. 12^h20^m MEZ ist nämlich die wahre Sonnenzeit der Kulmination für 10° östlicher Länge. Beispiel: Wie groß ist die Zeitgleichung am 26. April? Kulminationszeit der wahren Sonne am 26. April: 12^h18^m MEZ. Also $12^h20^m - 12^h18^m = +2^m$. Das heißt, die wahre Sonne geht 2^m früher durch den Meridian (Kulmination) als die mittlere. Ein negativer Wert der ZGL bedeutet, die wahre Sonne geht nach der mittleren durch den Meridian.

Der Mondlauf

Der Mond bewegt sich recht schnell durch den Tierkreis. Deshalb sind für jeden Tag des Jahres seine Koordinaten angegeben. Sie gelten jeweils für 1^h MEZ (= 0^h Weltzeit). Wem Zahlen nichts sagen, der findet in der Spalte „Sterne und Sternbilder" die Position des Mondes im Tierkreis vermerkt. Ein * deutet auf eine Sternbedeckung hin! Auf- und Untergangszeiten (MEZ) gelten genau für 10° östliche Länge und 50° nördliche Breite (siehe „Zeitangaben"). Die letzte Spalte enthält die Mondphasen sowie wichtige Punkte in der Bahn. Die Mondbahn ist rund 5° gegen die Ekliptik (scheinbare Sonnenbahn) geneigt. Aufsteigender Knoten bedeutet, der Mond überschreitet die Ekliptik nach Norden, absteigender Knoten, er wechselt wieder nach Süden. Größte Nordbreite: der Mond steht am weitesten in nördlicher Richtung von der Ekliptik entfernt, analog heißt größte Südbreite: der Mond hat maximalen südlichen Abstand von der Ekliptik.
Libration: Bei größter Südbreite ist die Nordhalbkugel des Mondes uns ein wenig mehr zugekehrt, man spricht von maximaler Libration Nord; entsprechend sieht man bei größter Nordbreite mehr vom Südpolgebiet des Mondes.
Libration West: Westrand des Mondes, Libration Ost: Ostrand des Mondes ist uns zugekehrt.

Der Planetenlauf

Planeten sind Geschwister der Erde. Sie laufen gemeinsam mit ihr um die Sonne. Je näher ein Planet der Sonne steht, desto schneller wandert er um sie. Wir beobachten die Planeten nicht von einem ruhenden Punkt aus, sondern vom Raumschiff Erde, das ständig in Bewegung ist. Deshalb erscheinen uns von der Erde aus (geozentrisch) die Bewegungen der Planeten vor dem Hintergrund der fernen Fixsterne – dem Muster der Sternbilder also – recht kompliziert. Überholt die Erde einen weiter außen laufenden Planeten, so scheint er einige Wochen lang zurückzubleiben, er ist „rückläufig", wie die Astronomen zu sagen pflegen. Anschließend bewegt er sich wieder in der ursprünglichen Richtung wie die Sonne, nämlich von West nach Ost, er ist wieder „rechtläufig". Durch diesen Bewegungswechsel bildet die Bahn des Planeten eine Schleife. Ob ein Planet am Himmel zu sehen ist, hängt von der gegenseitigen Stellung von Sonne und Planet ab. Steht ein äußerer Planet von der Erde aus gesehen hinter der Sonne, Planet – Sonne – Erde bilden also eine Linie, so ist er nicht beobachtbar (siehe Abb. 8).
Da er in Sonnenrichtung steht, geht er mit der Sonne auf und unter, bleibt somit nachts unter dem Horizont verborgen. Diese Konstellation heißt Konjunktion.
Steht der Planet von der Erde aus gesehen der Sonne gegenüber, also in der Reihenfolge Sonne – Erde – Planet (Abb. 8), so spricht man von Opposition oder Gegenschein. Der

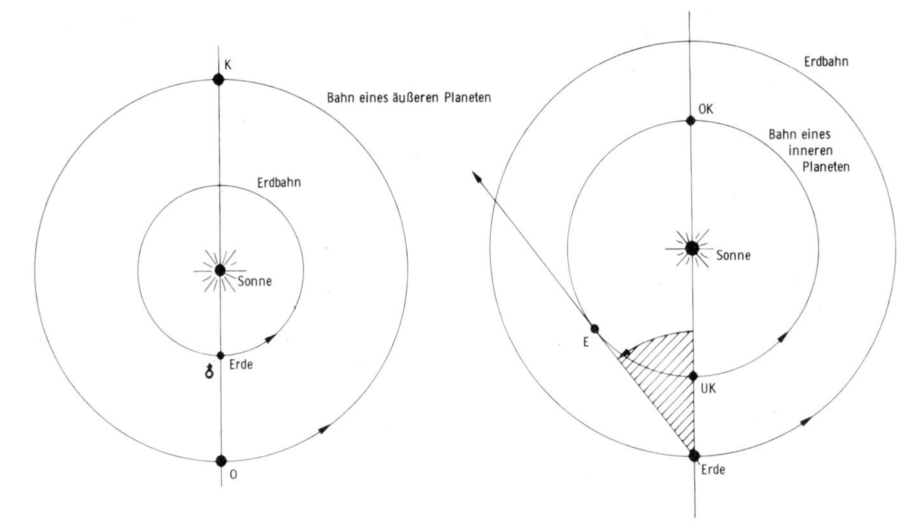

Abb. 8 (links). Erdbahn und Bahn eines äußeren Planeten. Bei O steht der Planet in Opposition, bei K in Konjunktion.

Abb. 9. Erdbahn und Bahn eines inneren Planeten. Bei UK steht der Planet in unterer, bei OK in oberer Konjunktion mit der Sonne. Bei E steht er in größter Elongation (Winkel schraffiert).

Planet ist die ganze Nacht über zu sehen, da er mit Sonnenuntergang aufgeht und morgens mit Sonnenaufgang unter dem Westhorizont verschwindet.
Bilden Sonne – Erde – Planet ein rechtwinkeliges Dreieck, so nennt man diese Konstellation eine Quadratur.
Die inneren Planeten Merkur und Venus können, wie leicht zu sehen, niemals in Oppositionsstellung kommen. Dafür unterscheidet man bei ihnen zwischen oberer und unterer Konjunktion (Abb. 9). In diesen beiden Stellungen bleibt der Planet unsichtbar. Nur wenn der Planet westlich oder östlich der Sonne „in Elongation" steht, kann er gesehen werden. Steht Venus in östlicher Elongation, so geht sie erst nach Sonnenuntergang unter, sie ist dann Abendstern. Steht sie in westlicher Elongation, so geht sie vor der Sonne auf und ist am Morgenhimmel zu sehen. Ähnliches gilt für Merkur. Die größte Elongation (Winkelabstand von der Sonne) kann für die Venus 48° betragen, für den sonnennäheren Merkur aber nur 28°. Merkur ist daher schwer zu beobachten – entweder abends kurz nach Sonnenuntergang tief im Westen oder kurz vor Sonnenaufgang tief am Osthimmel.

Die großen Planeten

Merkur: Sonnennächster Planet, zwischen $+3^m$ und $-1^m,5$ hell; schwer zu beobachten, da nur kurze Sichtbarkeitsperioden und stets horizontnahe Stellung, chromgelbes Licht.
Venus: Nach Sonne und Mond hellstes Gestirn, oft als Abend- bzw. Morgenstern bezeichnet, Helligkeiten von $-3^m,3$ bis $-4^m,4$; strahlend weißes Licht; entweder abends am Westhimmel oder morgens in der östlichen Himmelshemisphäre zu sehen.
Mars: Äußerer Nachbarplanet der Erde, auffallend seine rötliche Farbe (der „rote" Planet); sehr unterschiedliche Helligkeiten, nämlich von $+2^m,0$ bis $-2^m,6$.
Jupiter: Der größte aller Planeten, ein auffallend heller Planet, daher kaum zu übersehen (Helligkeit von $-1^m,2$ bis $-2^m,5$); weißlich-gelbes Licht.
Saturn: Der sonnenfernste, mit freiem Auge noch sichtbare Planet, strahlt in einem fahlen

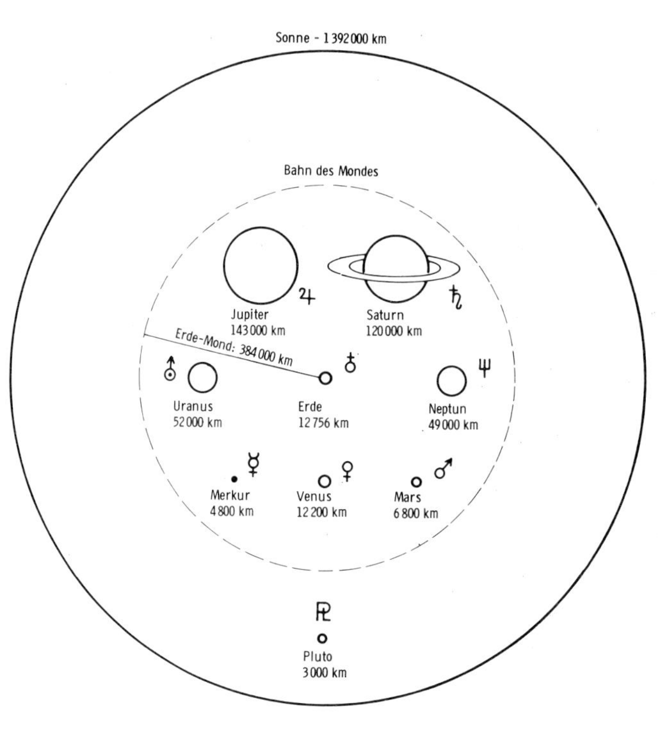

Abb. 10. Größe der Sonne im Vergleich zu den Planeten und der Mondbahn. Daneben die astronomischen Symbole, die auch in den monatlichen Sternkarten des Himmelsjahres den Ort der betreffenden Planeten markieren.

Licht zwischen $+1^m,5$ und $+0^m,5$ in Ausnahmefällen bis $-0^m,3$. Den berühmten Ring kann man mit dem Fernrohr ab etwa 30facher Vergrößerung erkennen.

Uranus: Ist theoretisch mit bloßem Auge gerade noch erkennbar (Oppositionshelligkeit $5^m,7$). Wohlgemerkt „theoretisch", es empfiehlt sich auf alle Fälle ein gutes Fernglas, um Uranus zu finden! Farbe: grünlich.

Neptun: Helligkeit um $7^m,5$; zeigt im Fernrohr ein winziges, grünblaues Scheibchen.

Pluto: Der sonnenfernste Planet ist leider recht lichtschwach, Helligkeit: 14^m. Nur gutausgerüstete Amateurastronomen können ihn beobachten.

Kleinplaneten

Außer den neun großen Planeten schwirren noch Tausende kleiner und kleinster Planeten (Planetoiden oder Asteroiden) um die Sonne. Der erste wurde in der Neujahrsnacht des Jahres 1801 von Guiseppe PIAZZI in Palermo entdeckt und auf den Namen Ceres getauft. Heute sind rund zweitausend Planetoiden katalogisiert. Die meisten bewegen sich zwischen Mars und Jupiter um die Sonne. Einige haben jedoch sehr langgestreckte Bahnen, die die Bahnen anderer Planeten kreuzen. Sie können auch der Erde recht nahe kommen. Die vier klassischen sind im Himmelsjahr verzeichnet: Ceres, Pallas, Juno, Vesta.

Die Sichtbarkeiten der Planeten hängen nicht nur von den geometrischen Verhältnissen (Stellung des Planeten und der Sonne), sondern auch von meteorologischen Gegebenheiten ab. Eine starke Dunstglocke, hohe Luftfeuchtigkeit (Nebel) oder irdisches Streulicht (Neonreklame, Autoscheinwerfer, Lichtdom eines Stadions!) beeinträchtigen die Beobachtung. Aufgrund langjähriger Erfahrung sind die Sichtbarkeitszeiten im Himmelsjahr vermerkt. Je nach Beobachtungsort (stadtnah oder stadtfern) und Witterung sind die angegebenen Termine um wenige Tage zu verschieben. Jeder Beobachter wird hier seine eigenen, ganz persönlichen Erfahrungen machen.

Die Monde der Planeten

Die beiden winzigen Marsmonde, die fünf Uranusmonde, die zwei Neptunmonde und der neuentdeckte Plutomond sind so lichtschwach, daß sie hier nicht aufgeführt zu werden brauchen.

Jupiter: Hier sind die vier hellsten leicht schon in bescheidenen Teleskopen zu sehen: 1 Io, 2 Europa, 3 Ganymed, 4 Kallisto. In den Monaten, in denen Jupiter zu beobachten ist, findet man in der Spalte „Jupitermonde" die Stellungen der vier großen Monde zur angegebenen Uhrzeit verzeichnet. Lesebeispiel: 23104 bedeutet: im **umkehrenden** Fernrohr sieht man in der Reihenfolge von links nach rechts Europa, Ganymed, Io, Jupiter und schließlich Kallisto.

Ist ein Mond nicht aufgeführt, so ist er entweder verfinstert oder er steht vor der Jupiterscheibe, so daß er unbeobachtbar bleibt.

Erscheinungen der Jupitermonde

Für den Fernrohrbesitzer ist es überaus reizvoll, Bedeckungen, Verfinsterungen, Durchgänge, Schattenwürfe der Monde des Riesenplaneten auf Jupiter selbst zu beobachten. Sofern diese Ereignisse von Mitteleuropa aus beobachtbar sind, findet man sie in der Rubrik „Jupitermonde" verzeichnet. Es gelten folgende Abkürzungen:

B = Bedeckung, Mond verschwindet hinter der Jupiterscheibe.
D = Durchgang, Mond geht vor der Planetenscheibe vorbei.
S = Schattendurchgang, Mond wirft seinen Schatten auf Jupiter.
V = Verfinsterung, Mond wird vom Jupiterschatten getroffen.
A = Anfang, E = Ende der Erscheinung.
I: Io, II: Europa, III: Ganymed, IV: Kallisto.

Beispiel: März 1982: 14. 3.03 I VA bedeutet um 3^h03^m wird Mond I (Io) verfinstert, er tritt in den Jupiterschatten.

Saturn: Schon mit dem Fernglas ist der Riesenmond Titan leicht zu erkennen. Für Sternfreunde mit Fernrohren sind auch die Monde Rhea, Dione und Tethys sowie Japetus in westlicher Elongation (er ist dann rund 2^m heller) zugänglich. Auf Seite 119 sind die größten westlichen und östlichen Elongationen für Titan und Rhea vermerkt, sowie für Dione und Tethys Angaben zum Selbstberechnen zu finden. In einer Graphik sind die Positionen für Japetus eingetragen.

Sternschnuppen

Sternschnuppen, die in Strömen periodisch auftreten, sind in den Monatsübersichten angegeben. Bei den verzeichneten Daten, vor allem, was die Häufigkeit betrifft, ist mit erheblichen Abweichungen zu rechnen. Die systematische Beobachtung heller Meteore ist auch heute noch ein dankbares Aufgabengebiet für den Amateurastronom.

Konstellationen und Ereignisse

Diese Übersicht weist auf alle Konjunktionen (Begegnungen) zwischen den großen Planeten mit Sonne und Mond sowie auf alle Oppositionen zur Sonne und die größten Elongationen der inneren Planeten hin. Auch Perihel- (Sonnennähe) und Aphelstellungen (Sonnenferne) der Planeten sind angegeben.

Fixsternhimmel

Da die Sonne täglich um rund ein Grad unter den Sternen nach Osten vorrückt, ändert sich der Anblick des Himmels im Laufe eines Jahres. Genauer: täglich durchschreiten die Fixsterne den Meridian 4 Minuten früher als am Vortag. In dreißig Tagen, also einem Monat, macht das schon zwei Stunden! Mitte Dezember steht das Sternbild Orion gegen Mitternacht im Süden, Mitte Januar schon um 22 Uhr und Mitte Februar geht Orion um 20 Uhr durch den Meridian. Dadurch ändert sich *zur gleichen Beobachtungsstunde* die Himmelsszene mit dem Datum. Nach einem Monat ist der Anblick noch nicht allzu verschieden vom Vormonat, aber nach einem Vierteljahr (6 Stunden!) hat sich die Szenerie völlig umgestellt. Man spricht daher von einem Frühlings-, Sommer-, Herbst- und Wintersternhimmel. Gemeint ist der Anblick des Fixsternhimmels in den Abendstunden der jeweiligen Jahreszeit.
Alle drei Monate, im Januar, April, Juli und Oktober, ist daher im Himmelsjahr der abendliche Fixsternhimmel ausführlich beschrieben. In den dazwischenliegenden Monaten wird jeweils ein Sternbild ausführlich besprochen bzw. werden lohnende Objekte für Feldstecher- und Fernrohrbesitzer genannt. Im Laufe der Jahre kommt auf diese Weise eine umfangreiche Beschreibung der Sterne und Sternbilder in Sage und Wissenschaft zusammen.
Eine kleine Sternkarte dient der schnellen Orientierung. Der dunkle Teil mit den hellen Sternen zeigt den Himmelsanblick zu Monatsbeginn um 22 Uhr, zur Monatsmitte um 21 Uhr. Die unter dem Horizont stehenden Sterne sind auf grauem Hintergrund schwarz eingetragen. Die Sonne und die fünf hellen Planeten (Merkur bis Saturn) sind ebenfalls eingezeichnet. Wie gesagt soll diese Sternkarte nur zur schnellen Orientierung dienen. Wer überhaupt noch keine Sternbilder kennt, sollte vorher zu dem kleinen Sternatlas von WIDMANN-SCHÜTTE: Welcher Stern ist das? (Kosmos-Verlag) greifen.

Monatsthemen

Hier wird monatlich ein Kapitel aus der Himmelskunde kurz und bündig dargestellt, zum leichteren und allmählichen Eindringen in die Wissenschaft von den Sternen.

Tabellen und Ephemeriden

Für den fortgeschrittenen Amateurastronomen sind im Anhang wichtige Beobachtungsgrundlagen vermerkt. Der Anfänger kann diese Angaben unberücksichtigt lassen.
Die äquatorialen Koordinaten der hellen Planeten Merkur bis Uranus sind für das Äquinoktium 1982.0 angegeben, für Neptun, Pluto sowie die Kleinplaneten gilt das Äquinoktium 1950.0, damit man sie leichter in vorhandene Sternkarten einzeichnen kann. Die Aufsuchkärtchen gelten ebenfalls für 1950.0.

Für die *Saturnmonde* Titan und Rhea sind die größten östlichen und westlichen Elongationen angegeben, für Dione und Tethys jeweils die erste größte östliche Elongation im Jahr, mit Angaben über die Berechnung aller Elongationen im Jahr. Für Japetus zeigt eine Graphik seine westlichen Elongationen. In östlicher Elongation ist er rund 2^m schwächer und darum für kleine Fernrohre unbeobachtbar. Für die Sonne, Mars und Jupiter (System I und II) sind die *Zentralmeridiane* („Mittelmeridiane") jeweils für 1^h MEZ vermerkt.
Sternbedeckungen durch den Mond sind für Berlin, Hamburg, Hannover, Düsseldorf, Frankfurt, München, Nürnberg, Stuttgart, Wien und Zürich angegeben. Aus Platzersparnisgründen ist jeweils nur ein Positionswinkel angegeben, der lediglich dem leichteren Aufsuchen des zu bedeckenden Sternes dienen soll. In den Monatsübersichten wird unter der Rubrik Mondlauf in der Spalte Sterne und Sternbilder durch ein * auf eine Sternbedekkung hingewiesen.
Ein Verzeichnis astronomischer Vereine, Planetarien und Sternwarten soll dem Leser den Kontakt zu Gleichgesinnten erleichtern, ebenso die eigene Beobachtungstätigkeit fördern. Das Verzeichnis erhebt keinen Anspruch auf Vollständigkeit. Weitere Vereinigungen nimmt der Herausgeber gerne auf.
Veränderliche Sterne sind im Anschluß an die Fixsternmonatsübersichten aufgeführt. Für Algol (β Persei) und β Lyrae findet der Sternfreund jeweils die Minima-Zeiten, für δ Cephei die Lichtmaxima und für den langperiodischen Veränderlichen Mira (o Ceti) den jeweiligen Helligkeitszustand. Die Aufsuchkärtchen findet man auf Seite 102 und 103.
Das Julianische Datum ist jeweils für den Monatsersten in der Rubrik „Sonnenlauf" angegeben. Das Julianische Datum stellt eine fortlaufende Tageszählung dar, die mit dem 1. Januar des Jahres 4713 v. Chr. beginnt.

Sonnen- und Mondfinsternisse 1982

Totale Mondfinsternis am 9. Januar

Da der Mond am 9. Januar bereits um 16^h22^m MEZ (für 50° nördl. Breite und 10° östl. Länge) aufgeht und am 10. Januar erst um 8^h45^m untergeht, ist die Finsternis in ihrer vollen Länge in Deutschland beobachtbar.

Eintritt des Mondes in den Halbschatten	18^h15^m MEZ
Eintritt des Mondes in den Kernschatten	19 14
Beginn der totalen Verfinsterung	20 17
Mitte der Finsternis	20 56
Ende der totalen Verfinsterung	21 35
Austritt des Mondes aus dem Kernschatten	22 38
Austritt des Mondes aus dem Halbschatten	23 37

Die Größe der Finsternis beträgt das 1,337fache des Mondscheibendurchmessers.

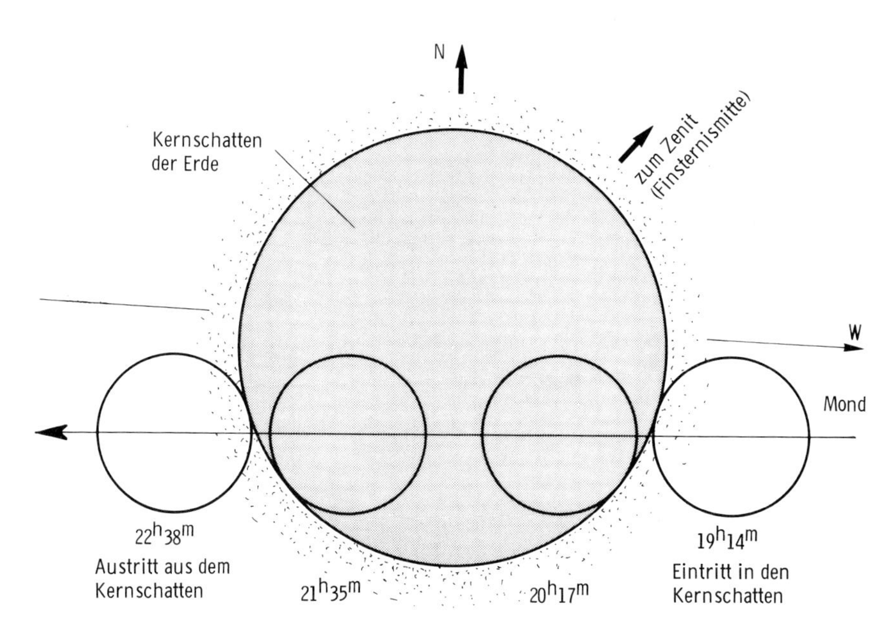

Abb. 11. Verlauf der totalen Mondfinsternis vom 9. Januar 1982.

Partielle Sonnenfinsternis am 25. Januar

Diese Finsternis ist in Deutschland nicht beobachtbar. Das Sichtbarkeitsgebiet umfaßt die Antarktis sowie südliche Teile des Atlantischen und des Stillen Ozeans.

Partielle Sonnenfinsternis am 21. Juni

Auch diese Finsternis bleibt in Deutschland unbeobachtbar. Sie ist wieder sichtbar von südlichen Gebieten des Atlantischen Ozeans und südwestlichen Gebieten des Pazifik.

Totale Mondfinsternis am 6. Juli

Im Unterschied zur totalen Mondfinsternis vom 9. Januar ist der Mond bei uns schon untergegangen, wenn er in den Kernschatten der Erde tritt (6^h33^m MEZ), diese Mondfinsternis bleibt daher in Deutschland unsichtbar. Sie ist zu sehen in Nord- und Südamerika, Atlantischer Ozean, westliches Afrika, Antarktis, Pazifischer Ozean sowie in Neuseeland.

Partielle Sonnenfinsternis am 20. Juli

Der Beginn dieser Sonnenfinsternis ist fast in ganz Deutschland sichtbar. Das Sichtbarkeitsgebiet umfaßt Europa, mit Ausnahme des Südens und Südostens, Grönland, das nördliche Eismeer und einen nördlichen Teil von Asien. Im Maximum der Finsternis werden 46,5 % des Sonnendurchmessers vom Mond bedeckt.

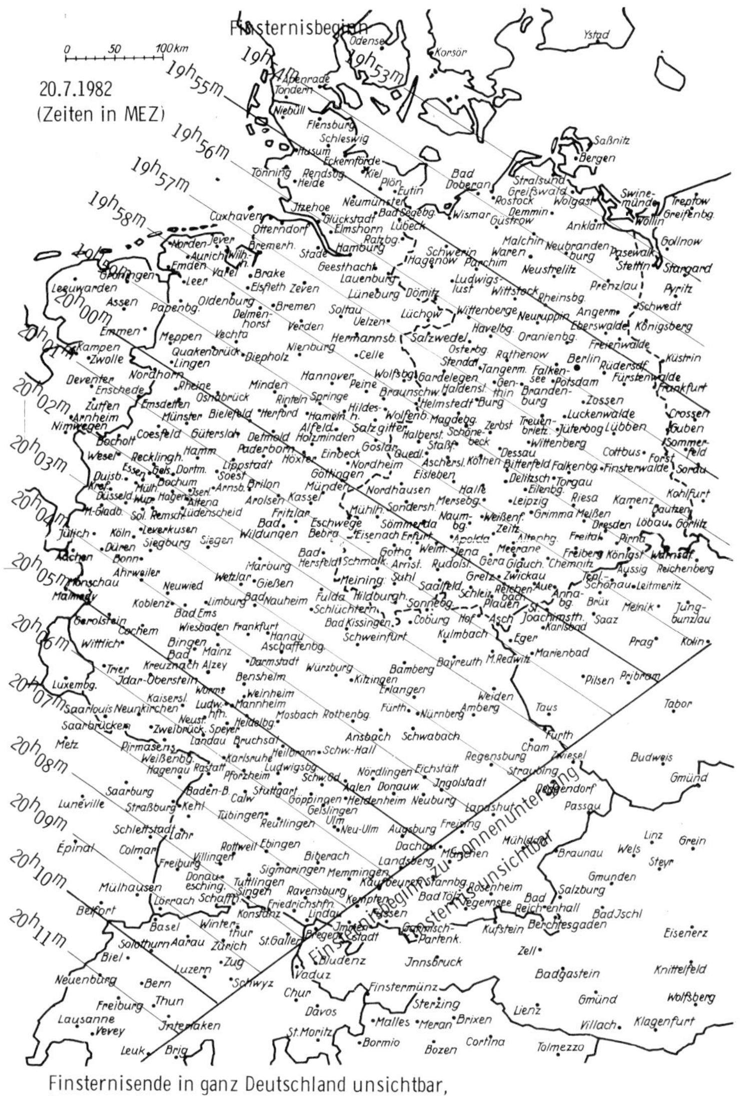

Abb. 12. Beginn der partiellen Sonnenfinsternis vom 20. Juli 1982.

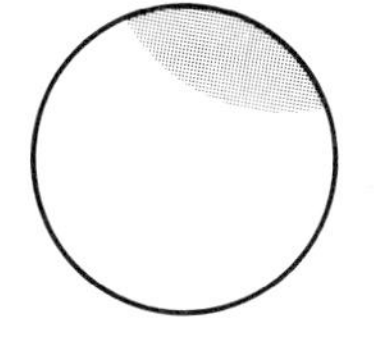

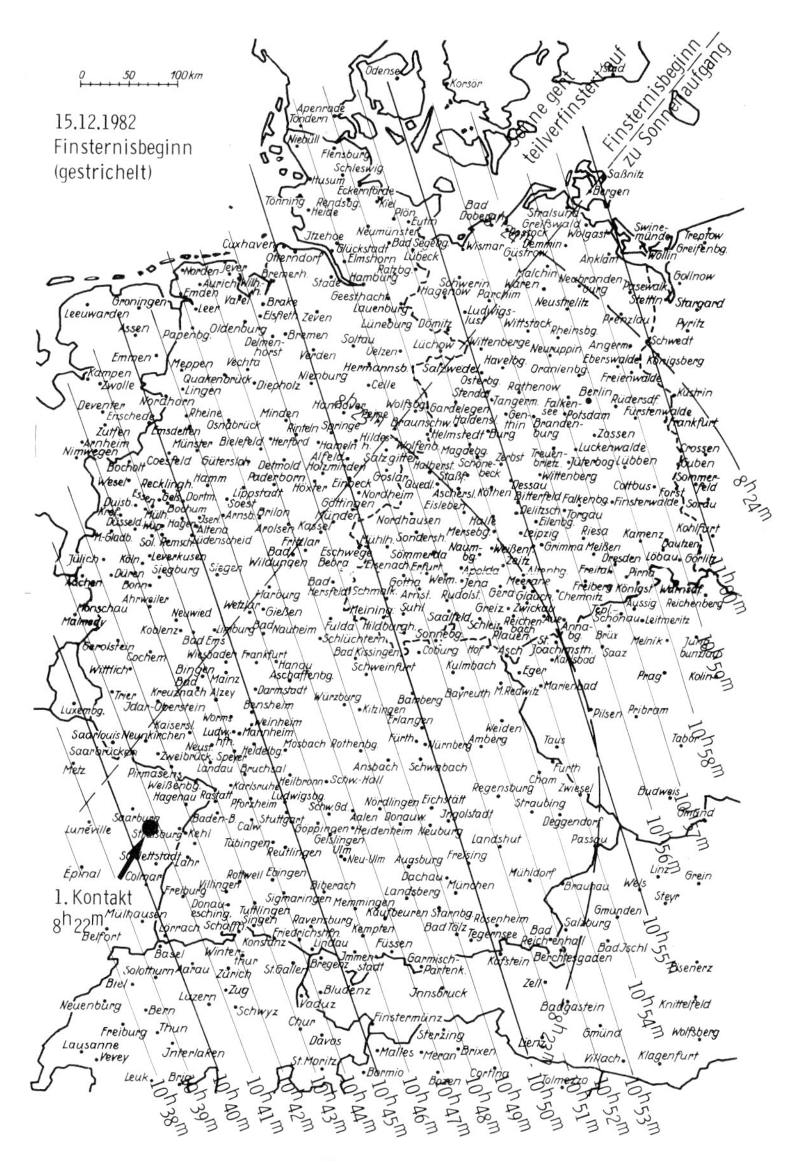

Abb. 13. Beginn und Ende der partiellen Sonnenfinsternis vom 15. Dezember 1982 in Deutschland.

Die Finsternis beginnt um 18^h19^m an einem Ort mit 156°43' östl. Länge und 56°50' nördlicher Breite, und endet um 21^h09^m an einem Ort mit 6°46' westlicher Länge und 47°11' nördlicher Breite. Die Sonnenfinsternis am 20. Juli findet in Deutschland kurz vor Sonnenuntergang statt. Für die südöstlichsten Teile und Österreich ist die Sonne schon vor Finsternisbeginn untergegangen. Das Ende der Finsternis ist von keinem Ort in Deutschland beobachtbar. Der Beginn der Finsternis und der Sonnenuntergang ist vom Beobachtungsort abhängig. Die Übersichtskarte auf Seite 23 ermöglicht jedem, diese Zeiten für seinen Standort abzulesen.

Partielle Sonnenfinsternis am 15. Dezember

Diese Sonnenfinsternis ist in den Morgenstunden in Deutschland sichtbar. In den nordwestlichen Teilen geht die Sonne erst nach Finsternisbeginn auf. Das Sichtbarkeitsgebiet umfaßt Europa mit Ausnahme des äußersten Nordostens, das westliche Asien und nördliche Teile von Afrika. Am Höhepunkt der Finsternis werden 73,6 % des Sonnendurchmessers vom Mond verdeckt. Für Deutschland liegt der größte Bedeckungsgrad zwischen 27 % (Freiburg/Br.) und 40 % (Frankfurt/Oder). Die Finsternis beginnt bei uns gegen halb neun Uhr und endet gegen elf Uhr. Die genauen Zeiten sind vom Standort des Beobachters abhängig und können aus der Übersichtkarte auf Seite 24 abgelesen werden.
Global gesehen findet der Finsternisbeginn um 8^h22^m MEZ an einem Ort 7°27' östlicher Länge und 48°37' nördlicher Breite statt. Sie endet um 12^h41^m MEZ an einem Ort 66°44' östl. Länge und 33°58' nördlicher Breite. Die größte Phase (0,736) wird um 10^h31^m MEZ an einem Ort 56°52' östl. Länge und 65°17' nördlicher Breite erreicht.

Totale Mondfinsternis am 30. Dezember

Wie die totale Mondfinsternis vom 6. Juli ist auch die vom 30. Dezember in Deutschland nicht sichtbar, da der Mond zur Zeit seiner Wanderung durch den irdischen Kernschatten bei uns unter dem Horizont steht. Diese Mondfinsternis ist beobachtbar in Nordamerika, Grönland, Nordatlantik, Pazifischer Ozean, Australien mit Neuseeland, westlicher Teil von Südamerika und Asien.

maximale Phase gegen 9^h30^m

in Nordostdeutschland

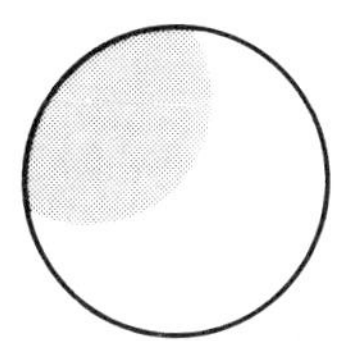

in der Schweiz

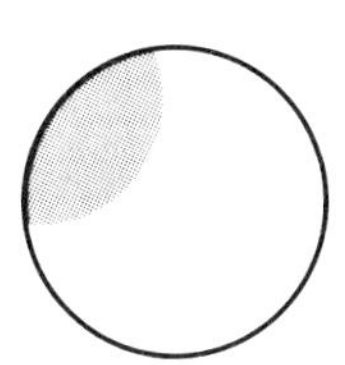

Abb. 14. Partielle Sonnenfinsternis vom 15. Dezember 1982.

Sonne, Mond und Sterne im Jahreslauf

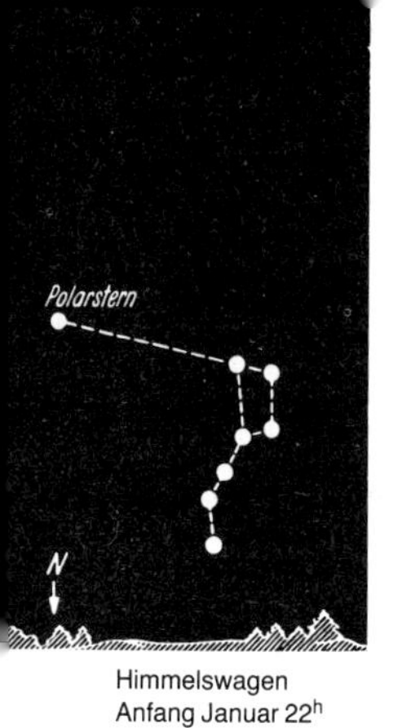

Himmelswagen
Anfang Januar 22^h

Januar

Sonnenlauf

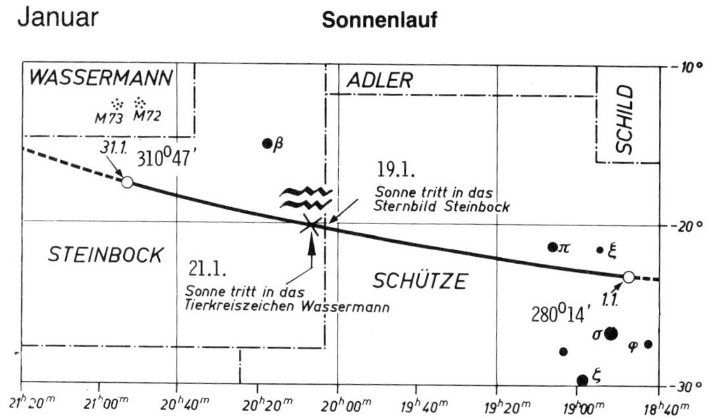

Tages- und Nachtstunden im Januar

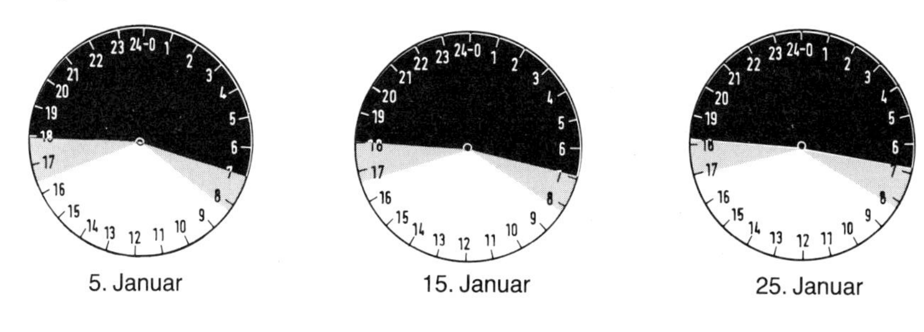

Sonne

Dat.	*Aufg.*	*Unterg.*	*Kulmin.*	*Rektas.*	*Deklin.*	*Sternzeit*
01.	8^h19^m	16^h28^m	12^h24^m	18^h45^m	−23°,0	6^h41^m
06.	8 18	16 34	12 26	19 07	−22 ,6	7 01
11.	8 16	16 40	12 28	19 28	−21 ,9	7 21
16.	8 12	16 48	12 30	19 50	−21 ,0	7 40
21.	8 08	16 55	12 31	20 11	−20 ,0	8 00
26.	8 02	17 03	12 33	20 32	−18 ,8	8 20
31.	7 56	17 12	12 34	20 53	−17 ,5	8 40

Julianisches Datum am 1. Januar, 1^h MEZ: 2 444 970.5

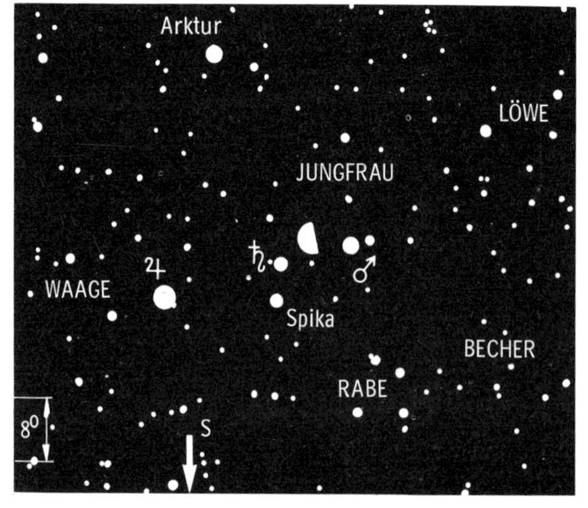

Abb. 15. Himmelsanblick am 16. 1. gegen 6^h30^m MEZ.

Mondlauf im Januar

Dat.	*Aufg.*	*Unterg.*	*Rektas.*	*Deklin.*	*Sterne und Sternbilder*	*Phase*	*MEZ*
Fr 1.	11^h44^m	22^h53^m	23^h05^m	$-10^\circ,4$	*Wassermann	Libration Ost	
Sa 2.	12 07	– –	23 54	– 5 ,8	Fische		
So 3.	12 30	0 06	0 44	– 0 ,9	Walfisch	**Erstes Viertel** Größte Südbreite	5^h45^m
Mo 4.	12 53	1 21	1 35	+ 4 ,2	Fische		
Di 5.	13 20	2 39	2 28	+ 9 ,2	*Widder		
Mi 6.	13 52	3 59	3 24	+13 ,9	Stier		
Do 7.	14 31	5 19	4 23	+17 ,7	*Aldebaran		
Fr 8.	15 21	6 37	5 25	+20 ,5	Stier	Erdnähe	
Sa 9.	16 22	7 46	6 30	+21 ,8	Zwillinge	**Vollmond** Totale Mondfinsternis Aufsteigender Knoten	20^h53^m
So 10.	17 32	8 45	7 34	+21 ,6	Kastor, Pollux		
Mo 11.	18 48	9 31	8 37	+19 ,9	Krebs, Krippe		
Di 12.	20 04	10 07	9 36	+16 ,9	Löwe		
Mi 13.	21 19	10 37	10 32	+13 ,1	Regulus		
Do 14.	22 31	11 01	11 24	+ 8 ,6		Libration West	
Fr 15.	23 40	11 23	12 13	+ 4 ,0	Jungfrau		
Sa 16.	– –	11 44	13 00	– 0 ,8		Größte Nordbreite	
So 17.	0 46	12 04	13 46	– 5 ,3	Spika	**Letztes Viertel**	0^h58^m
Mo 18.	1 52	12 26	14 32	– 9 ,6	Waage		
Di 19.	2 56	12 50	15 18	–13 ,4			
Mi 20.	3 59	13 18	16 05	–16 ,7		Erdferne	
Do 21.	5 01	13 51	16 53	–19 ,3	Schlangenträger		
Fr 22.	5 59	14 31	17 43	–21 ,0			
Sa 23.	6 53	15 19	18 35	–21 ,9	Schütze		
So 24.	7 40	16 15	19 27	–21 ,7		Absteigender Knoten	
Mo 25.	8 21	17 17	20 19	–20 ,5	Steinbock	**Neumond** Partielle Sonnenfinsternis	5^h56^m
Di 26.	8 55	18 24	21 11	–18 ,3			
Mi 27.	9 24	19 33	22 03	–15 ,2	Wassermann		
Do 28.	9 49	20 45	22 53	–11 ,3		Libration Ost	
Fr 29.	10 13	21 57	23 43	– 6 ,9			
Sa 30.	10 35	23 10	0 33	– 2 ,0	Walfisch		
So 31.	10 58	– –	1 23	+ 3 ,0	Fische	Größte Südbreite	

Planetenlauf im Januar

Merkur erreicht am 16. Januar mit 19° seine größte östliche Elongation. Das bedeutet: Abendsichtbarkeit! Bei günstigen Sichtbedingungen sollte man ihn schon ab dem 6. tief im Südwesten erspähen können; der letzte Termin dürfte der 23. sein, wo er gegen 17^h50^m noch zu sehen ist. Am 9. kann die helle Venus zum Aufsuchen dienen. Merkur steht an diesem Tag 5° südlich von ihr. Zwischen dem 14. und dem 20. ist Merkur leicht zu finden, zumal er $-0^m,4$ hell ist. Am 22. wird Merkur stationär und nähert sich anschließend wieder der Sonne (siehe auch Abb. 17, Merkursichtbarkeit auf Seite 28).

Venus ist zu Beginn des Jahres noch Abendstern. Bis 15. kann sie noch leicht gefunden werden, spätestens ab 17. wird sie unsichtbar. Am 21. steht sie in unterer Konjunktion zur Sonne, aber schon drei Tage später taucht sie am Morgenhimmel im Osten wieder auf und bleibt nun einige Monate Morgenstern. Ab 26. sollten auch weniger Geübte Venus leicht finden.

Hinweis für Fernrohrbesitzer: Kurz vor und nach der unteren Konjunktion zeigt die Venus eine schöne, schmale Sichel mit maximalem Durchmesser (60")!

Mars nähert sich seiner Opposition, was ihn zum zunehmend auffälligeren Objekt in der Jungfrau macht. Längst übertrifft der rote Planet die Spika an Helligkeit, an die er sich, langsamer werdend, heranpirscht. Mars verlagert seine Aufgangszeit von 0^h08^m zu Monats-

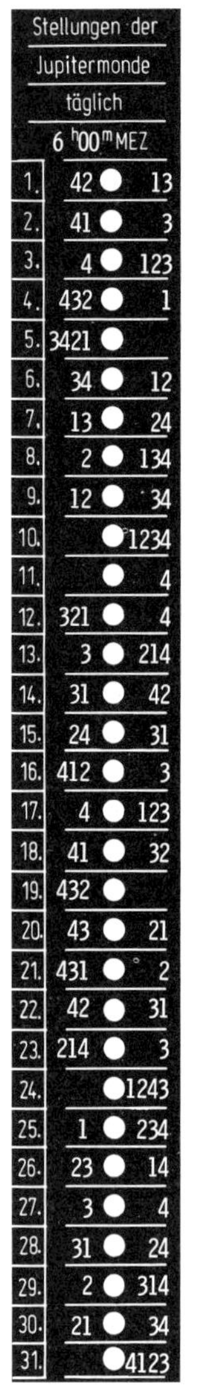

Jupitermonde im Januar

Dat.	*MEZ*	*Mond*	*Vorg.*
2.	5.25	II	VA
3.	5.27	I	SA
	6.34	I	DA
	7.37	I	SE
4.	4.56	II	DE
	6.00	I	BE
10.	7.20	I	SA
11.	4.19	III	DA
	4.35	I	VA
	5.10	II	DA
	5.18	II	SE
	6.28	III	DE
12.	2.59	I	DA
	3.59	I	SE
	5.09	I	DE
18.	3.25	III	SA
	5.23	II	SA
	5.46	III	SE
	6.28	I	VA
19.	3.42	I	SA
	4.55	I	DA
	5.52	I	SE
	7.04	I	DE
20.	2.26	II	VE
	2.27	II	BA
	4.18	I	BE
	4.52	II	BE
25.	7.23	III	SA
26.	5.36	I	SA
	6.49	I	DA
27.	2.31	II	VA
	2.49	I	VA
	5.02	II	VE
	5.05	II	BA
	6.12	I	BE
28.	2.14	I	SE
	3.27	I	DE
29.	2.01	II	DE
	2.27	III	BA
	4.30	III	BE

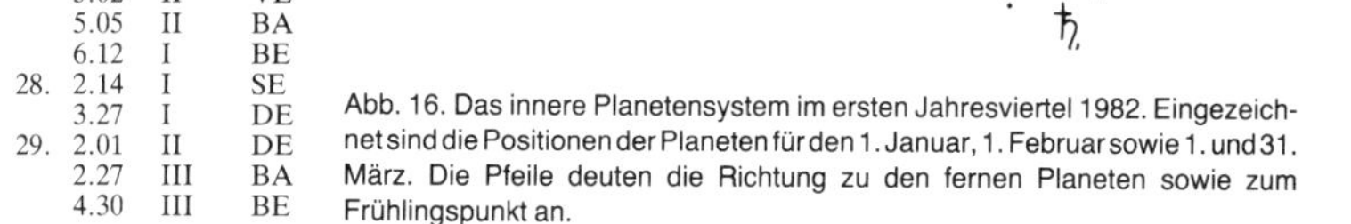

Abb. 16. Das innere Planetensystem im ersten Jahresviertel 1982. Eingezeichnet sind die Positionen der Planeten für den 1. Januar, 1. Februar sowie 1. und 31. März. Die Pfeile deuten die Richtung zu den fernen Planeten sowie zum Frühlingspunkt an.

Abb. 17. Sichtbarkeitsdiagramm von Merkur. Gilt genau für 50° nördliche Breite und 10° östliche Länge. Schwarze Fläche: Merkur unsichtbar; schraffiert: Merkur bei günstigen Verhältnissen sichtbar; weiß: Merkur kann gut gesehen werden.

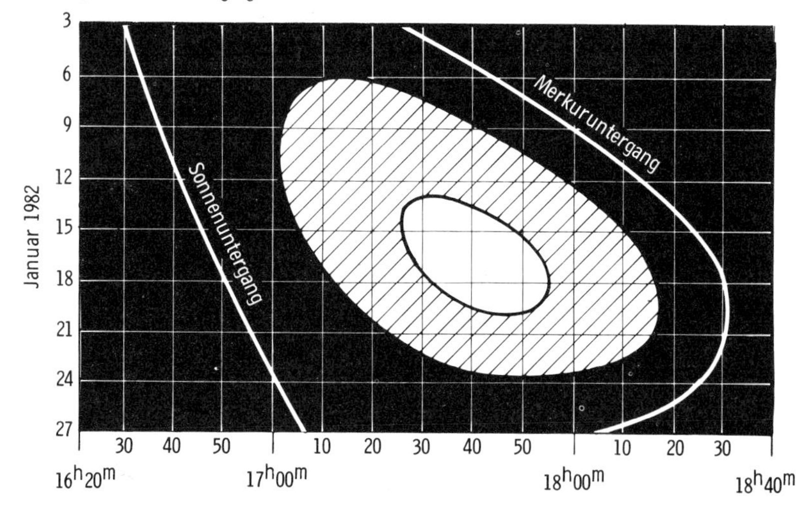

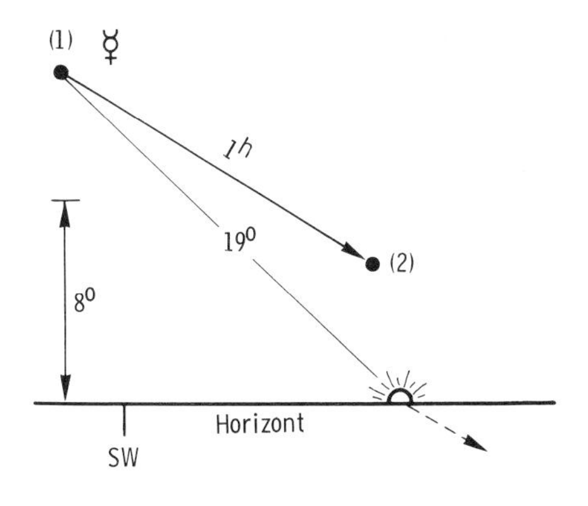

Abb. 18. Stellung von Merkur über dem Horizont zu Sonnenuntergang (1) und eine Stunde später (2) am Tag der größten Elongation (16. Januar).

beginn auf 23^h00^m, er wird zum Objekt der ersten Nachthälfte. Die Helligkeit steigt auf $0^m,3$. Am 15. ist Mars 3° südlich vom Mond zu sehen.

Jupiter ist zu Jahresbeginn Planet am Morgenhimmel. Der Riesenplanet, der von der Jungfrau in die Waage wechselt, geht zu Jahresbeginn um 2^h52^m auf, am Monatsende schon um 1^h13^m. Mit $-1^m,3$ fällt er leicht auf und ist nach dem Verschwinden der Venus vom Morgenhimmel hellstes Gestirn.

Saturn, der fernste der mit bloßem Auge sichtbaren Planeten, ist zu Jahresbeginn in der zweiten Nachthälfte beobachtbar. Er bewegt sich wie Jupiter in der Jungfrau; 1981 stand der Riesenplanet dreimal in Konjunktion mit dem Ringplaneten. Saturn verlagert seinen Aufgang von 1^h27^m zu Neujahr auf 23^h29^m zu Monatsende. Am 8. Januar zieht Saturn 5° nördlich von Spika vorbei.

Uranus ist mit bloßen Augen nicht zu sehen. Man sollte einen Feldstecher (möglichst mit Stativ) oder besser ein Fernrohr zum Aufsuchen dieses lichtschwachen Planeten benutzen. Uranus steht im Skorpion und geht zum Jahresbeginn um 5^h23^m auf. Da der grünliche Planet mit $6^m,0$ Helligkeit in den südlichen Gefilden der Ekliptik steht, lohnt sich seine Beobachtung im Januar kaum (siehe auch Aufsuchkärtchen Uranus auf Seite 65).

Neptun im Schlangenträger bleibt unbeobachtbar. Seine niedrige Deklination von −22° und geringe Helligkeit ($7^m,8$) lassen ihn nicht zur Geltung kommen; sein Aufgang erfolgt am 31. um 5^h15^m, knapp eine Stunde später hat die Dämmerung begonnen.

Pluto siehe Planetenlauf im April.

Periodische Sternschnuppenströme im Januar

Vom 1. bis 6. Januar sind die Quadrantiden (Ausstrahlungspunkt im Sternbild Bootes) in der zweiten Nachthälfte zu erwarten. Meist handelt es sich um lichtschwache Exemplare,

Abb. 19. Bewegungen von Sonne, Merkur und Venus im Januar. Am 9. Januar steht Merkur in Konjunktion mit der Venus, am 21. kommt Venus in untere Konjunktion mit der Sonne.

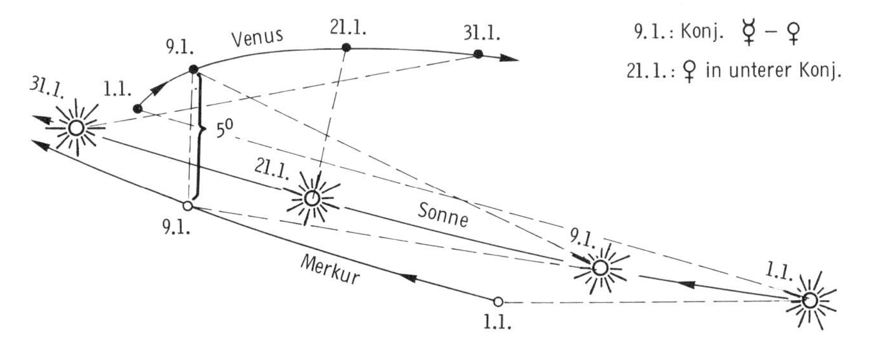

allerdings recht zahlreiche. Im Maximum werden bis 100 Sternschnuppen pro Stunde gezählt. Dieser Strom läßt sich auf keinen bekannten Kometen zurückführen.

Konstellationen und Ereignisse im Januar

Dat.	*MEZ*	*Ereignis*
4.	12^h	Erde im Perihel (Sonnennähe) Abstand: Erde – Sonne 147,1 Millionen Kilometer
9.	15	Merkur bei Venus, Merkur 5° südlich
9.	—	**Totale Mondfinsternis,** in Mitteleuropa sichtbar (siehe Seite 21)
12.	1	Mars im Aphel
15.	20	Mond bei Mars, Mond 3° nördlich
16.	13	Merkur in größter östlicher Elongation (19°)
16.	14	Mond bei Saturn, Mond 3° nördlich
17.	21	Mond bei Jupiter, Mond 4° nördlich
20.	2	Mond bei Uranus, Mond 4° nördlich
21.	11	Venus in unterer Konjunktion zur Sonne
22.	0	Mond bei Neptun, Mond 1°,1 nördlich
22.	19	Merkur im Stillstand, anschließend rückläufig
23.	2	Merkur im Perihel
25.	—	Partielle Sonnenfinsternis, in Mitteleuropa unbeobachtbar
27.	17	Venus im Perihel

Der Fixsternhimmel im Januar

Wer sich am Sternhimmel zurechtfinden will, muß zunächst die Himmelsrichtungen kennen, denn die beste Sternkarte nützt wenig, wenn man nicht weiß, wo Norden, Osten, Süden und Westen ist. In vertrauter Umgebung kennt man die Himmelsrichtungen, man weiß, wo die Sonne mittags steht und wo sie untergeht. Am nächtlichen Sternhimmel beginnt man seine Beobachtungen daher mit dem Aufsuchen des Polarsternes, der die Nordrichtung angibt. Um den Polarstern zu finden – der als Objekt zweiter Sterngröße nicht übermäßig auffällt – dient der Große Wagen. Seine Stellung ist jeweils für den Monatsanfang, 22.00 Uhr, im Himmelsjahr verzeichnet.

Etwas Phantasie vorausgesetzt, kann man den Großen Wagen abends im Januar als einbeinigen Riesen ansehen – die Deichsel hängt in dieser Jahreszeit nämlich nach unten. Tatsächlich heißt er bei den Eskimos Hunrakan, ein Name für einen Riesenmenschen mit nur einem Bein. Wegen seiner relativ horizontnahen Stellung ist der Wagen jetzt gelegentlich zu übersehen. Aber ein anderes Sternbild ersetzt ihn in seiner Funktion als Polweiser: das Himmels-W (Abb. 20). Die Sterne sind in Form eines großen lateinischen W angeordnet und stehen jetzt hoch über unseren Köpfen. Die offizielle Bezeichnung des Himmels-W lautet: Kassiopeia. Die mittlere Spitze des Himmels-W deutet in etwa zum Polarstern.

Ziemlich im Zenit (Scheitelpunkt) findet sich ein sehr heller Stern, die Kapella (Zicklein), der Hauptstern des Bildes Fuhrmann.

Hoch im Süden steht der Stier im Meridian mit seinem blutunterlaufenem, rotem Auge, dem hellen roten Stern Aldebaran. Aldebaran steht inmitten eines Haufens von Sternen, den Hyaden. Noch eindrucksvoller, weil dichter gedrängt – vor allem im Fernglas – sind die Plejaden, auch Siebengestirn genannt, im Stier.

Unübersehbar und selbst für blutige Anfänger leicht zu entdecken, präsentiert sich im Süden der Himmelsjäger Orion (siehe Monatsthema S. 32). Knapp unterhalb, schon schwerer zu erkennen, ist seine Jagdbeute zu erspähen: der Hase.

Im Südosten strahlt als hellster Stern des Himmels Sirius, der Hauptstern des Großen Hundes, ein wenig höher und östlicher ebenfalls ein heller Stern erster Größe: Prokyon im Kleinen Hund.

Januar

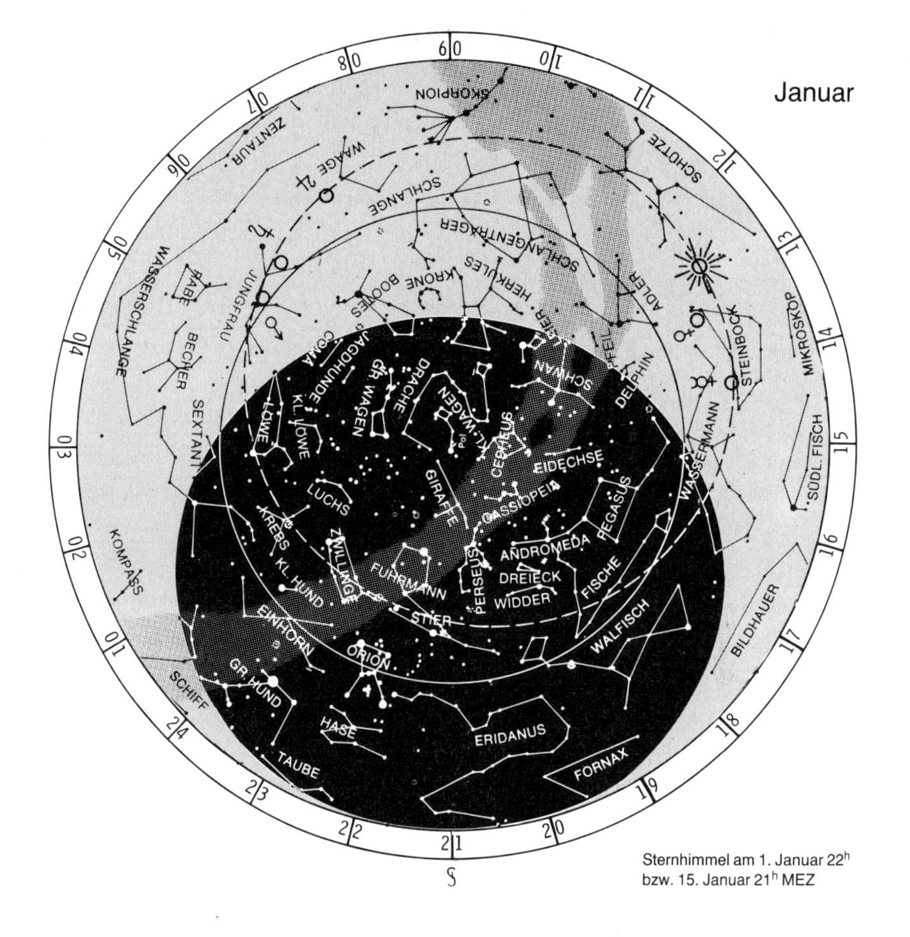

Sternhimmel am 1. Januar 22^h bzw. 15. Januar 21^h MEZ

Hoch im Osten markieren zwei Sternenketten die Zwillinge. Die beiden hellsten Sterne heißen Kastor und Pollux. Das Schwergewicht des Winterhimmels liegt also jetzt im Süden mit zahlreichen Sternen erster Größe. Man sollte einmal versuchen, sich das Wintersechseck einzuprägen: Kapella – Aldebaran – Rigel – Sirius – Prokyon – Pollux. Tief im Osten läßt der aufgehende Löwe den Frühlingshimmel ahnen.

Die westliche Hemisphäre wird noch von den Herbstbildern eingenommen: Perseus – Andro-

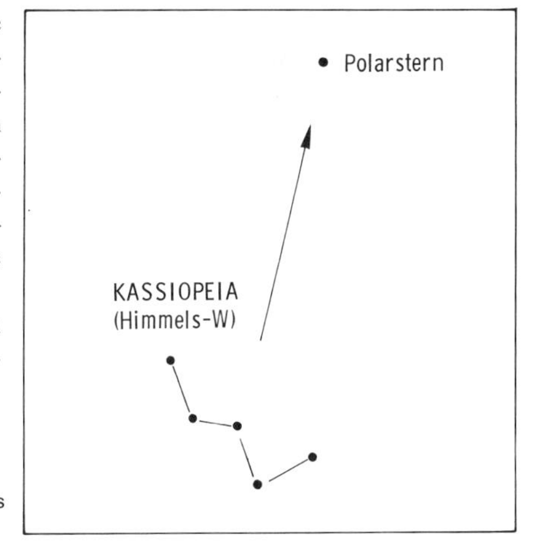

Abb. 20. Sternbild Kassiopeia, auch Himmels-W genannt – als Polweiser.

meda – Pegasus, darunter Dreieck – Widder – Fische und tief im Südwesten der ausgedehnte Walfisch.

Die Milchstraße zieht sich von Südosten vorbei am Großen Hund durch Zwillinge, Fuhrmann, Zenit, Perseus, Kassiopeia nach Nordnordwest. Wer nach Norden sieht, bemerkt vielleicht dicht am Horizont einen hellen Stern: Es ist die Wega im Sternbild der Leier, die wegen ihrer hohen Deklination noch erkennbar ist.

Veränderliche Sterne im Januar

Algol-Minima	$1^d02^h40^m$	$3^d23^h30^m$	$6^d20^h19^m$	$24^d01^h14^m$	$26^d22^h04^m$	$29^d18^h53^m$
β-Lyrae-Minima	10^d20^h	23^d19^h				
δ-Cephei-Maxima	3^d10^h	8^d19^h	14^d04^h	19^d12^h	24^d21^h	30^d06^h
Mira-Helligkeit	ca. 9^m, kurz vor dem Minimum					

Monatsthema

Das Sternbild Orion

Der Orion gehört zu den prächtigsten Wintersternbildern des Himmels. Er ist ebenso leicht zu finden wie der Große Wagen. Ohne große Mühe kann er auch von Anfängern der Himmelskunde an klaren Winterabenden in südlicher Richtung schnell entdeckt werden. Wer ihn einmal gesehen hat, wird sich seine markante Figur wohl für immer einprägen.

Der Sage nach ist Orion ein Jäger oder Krieger.

Sein Name stammt aus dem Griechischen: Ωαρίων heißt Krieger, auch mächtiger Jäger. Orion verfolgte die Töchter des Atlas, die Plejaden, speziell Merope. Die Plejaden, auch unter der Bezeichnung Siebengestirn bekannt, sind ebenfalls am abendlichen Winterhimmel zu sehen: Ein dichtgedrängtes Häuflein von Sternen, das sicher schon einmal dem einen oder anderen am Himmel aufgefallen ist.

Juno schickte einen Skorpion, der Orion zur Strafe für seine Nachstellungen tötete. Genau wie der Held wurde der fatale Skorpion an den Himmel versetzt, allerdings an entgegengesetzter Stelle, damit das Untier Orion keinen Schaden mehr zufügen kann. Ist Orion im Westen untergegangen, taucht im Osten erst der Skorpion auf und umgekehrt. Der Skorpion ist also im Sommer am Abendhimmel zu beobachten, während wie erwähnt Orion ein typisches Wintersternbild ist.

Die meisten Völker erkannten in dieser Sternfigur eine menschliche Gestalt. Zwei Sterne bilden die Schultern, drei in einer Kette stehende Sterne den sogenannten Gürtel und zwei weitere die Füße. Der östliche Schulterstern (α Orionis) leuchtet deutlich rötlich und gehört mit dem westlichen Fußstern (β Orionis), der ein mehr bläulich-weißes Licht ausstrahlt, zu den beiden Sternen erster Größe im Orion.

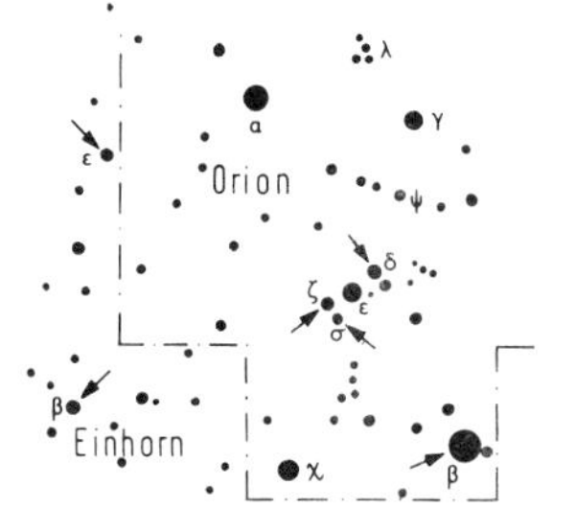

Doch nicht überall erkannte man einen Himmelsjäger. Bunt ist die Reihe der Dinge, die die Phantasie in dieser Sternenanordnung sah: ein Wasserschloß, den Gott der Unterwelt, ein Faß, vier Gräber, eine Fahne, einen Ring, einen Goldfisch, ein Kind, neun Flußmündungen und noch viele andere Dinge. Orion wird gelegentlich mit Winterstürmen in Verbindung gebracht, weil er um diese Jahreszeit am Abendhimmel steht.

Abb. 21. Skelettkarte Sternbild Orion.

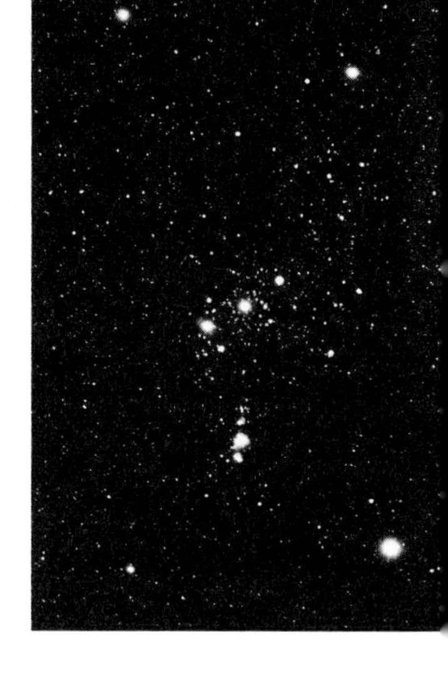

Abb. 22. Himmelsfotografie Sternbild Orion.

Auch die drei Gürtelsterne, die eine auffällige Kette bilden, erhielten verschiedene Bezeichnungen: Die drei Schnitter oder Mahder, drei Ruderer, drei Seehundjäger und die drei heiligen Könige. Das Kreuz, das aus der Strecke α Orionis – β Orionis und den drei Gürtelsternen als Querbalken entsteht, wird gelegentlich Jakobsstab genannt. Der Jakobsstab wurde im Mittelalter als astronomisches Winkelmeßinstrument benutzt.
α Orionis gehört zu den zwanzig hellsten Fixsternen am Himmel. Die Araber haben ihn Beteigeuze getauft, was Schulter- oder Achselhöhle des Riesen bedeutet. Vermutlich wegen seiner rötlichen Farbe sprechen manche Völker von einem „Kriegsstern". In Indien heißt er Padparadaschah, da er dort an einen seltenen, orangefarbenen Saphir erinnert. Beteigeuze gehört zu den größten uns bekannten Sternen. Außerdem ist dieser rote Riesenstern nicht immer gleich groß, er bläht sich auf und schrumpft anschließend wieder, er pulsiert gleichsam. Dies geschieht in unregelmäßigen Abständen. Dadurch ändert sich auch seine Helligkeit, was bereits im Jahre 1836 der Astronom Sir John Herschel bemerkte.
Stünde die Sonne im Mittelpunkt von Beteigeuze, so würde bei kleinster Ausdehnung die Marsbahn noch innerhalb ihrer Oberfläche liegen. Bei größter Ausdehnung ginge die Oberfläche bis zur Jupiterbahn, das heißt, Beteigeuze ist dann rund tausendmal größer als die Sonne. Dieser Stern ist nicht nur einer der größten, sondern auch einer der leuchtkräftigsten: Im Maximum strahlt er so hell wie 14 000 Sonnen. Deshalb gehört er trotz seiner fast 600 Lichtjahre Entfernung zu den hellsten Sternen am nächtlichen Firmament.
Einen schönen Farbkontrast zur roten Beteigeuze zeigt β Orionis, von den Arabern Rigel genannt, was linker Fußstern heißt. Rigel strahlt aufgrund seiner hohen Oberflächentemperatur von rund 12 000 Kelvin (was ziemlich genau 12 000° Celsius entspricht) ein intensives blau-weißes Licht aus. Die Entfernung von Rigel ist schwer zu bestimmen, man schätzt sie auf 700 Lichtjahre.
In mondlosen Nächten sieht man unterhalb der drei Gürtelsterne einen schwachen Lichtfleck: den großen Orionnebel, Katalogbezeichnung M42. Schon im bescheidenen Fernglas erkennt man hier helle, blau-weiße Sterne, die in leuchtende Materiewolken eingebettet sind. In rund 1 700 Lichtjahren Entfernung beobachten wir hier ein Sternentstehungsnest: junge, heiße Sterne, gerade erst aus interstellarer Materie geboren. In jüngster Zeit hat man mit Radioteleskopen sogar organische Moleküle im M42 entdeckt. Ein Grund mehr, zu vermuten, daß die Entstehung von Leben ein universeller Vorgang ist und nicht nur auf unseren Planeten Erde beschränkt ist.

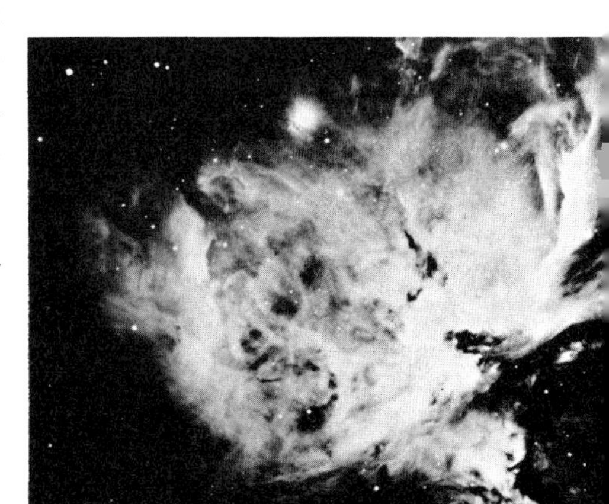

Abb. 23. Großer Gasnebel M 42 im Orion südlich der drei Gürtelsterne.

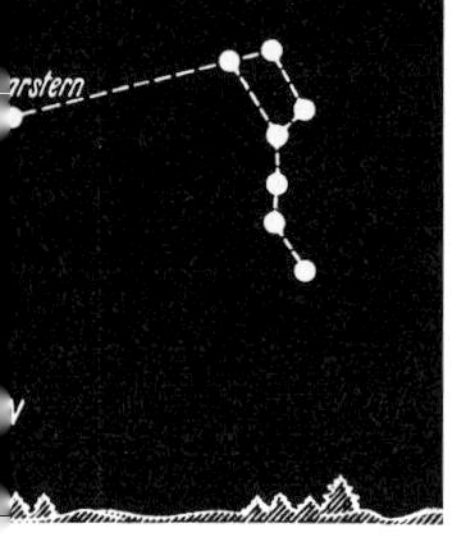

Himmelswagen
Anfang Februar 22^h

Februar

Sonnenlauf

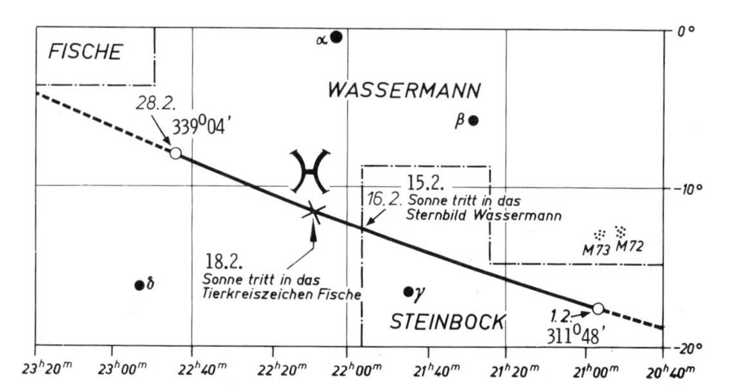

Tages- und Nachtstunden im Februar

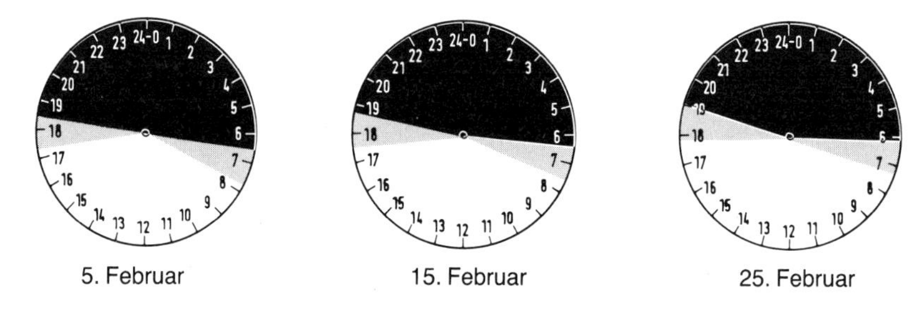

5. Februar 15. Februar 25. Februar

Sonne

Dat.	*Aufg.*	*Unterg.*	*Kulmin.*	*Rektas.*	*Deklin.*	*Sternzeit*
05.	7^h48^m	17^h20^m	12^h34^m	21^h13^m	$-16°,1$	8^h59^m
10.	7 40	17 29	12 34	21 33	−14 ,5	9 19
15.	7 32	17 38	12 34	21 53	−12 ,9	9 39
20.	7 22	17 46	12 34	22 12	−11 ,1	9 58
25.	7 13	17 55	12 33	22 31	− 9 ,3	10 18

Julianisches Datum am 1. Februar, 1^h MEZ: 2 445 001.5

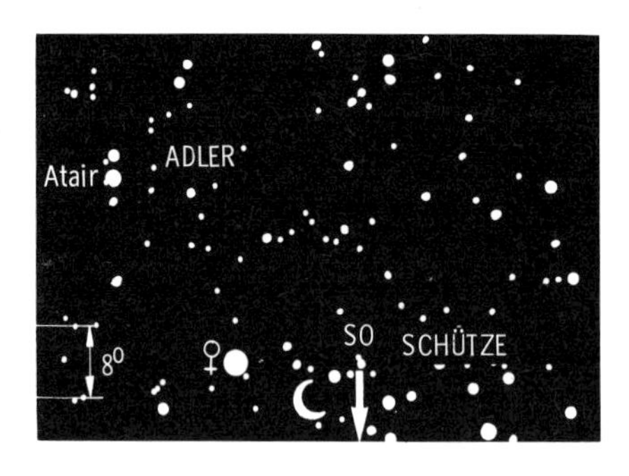

Abb. 24. Himmelsanblick am 20. 2. gegen 6^h MEZ.

Mondlauf im Februar

Dat.	Aufg.	Unterg.	Rektas.	Deklin.	Sterne und Sternbilder	Phase	MEZ
Mo 1.	11^h23^m	0^h26^m	2^h14^m	+ 8°,0	Widder	**Erstes Viertel**	15^h28^m
Di 2.	11 51	1 42	3 08	+12 ,6			
Mi 3.	12 26	3 00	4 04	+16 ,6	*Stier, Aldebaran		
Do 4.	13 09	4 16	5 03	+19 ,7			
Fr 5.	14 03	5 27	6 04	+21 ,5	Zwillinge	Erdnähe	
Sa 6.	15 07	6 29	7 07	+21 ,9	Kastor, Pollux	Aufsteigender Knoten	
So 7.	16 20	7 20	8 10	+20 ,8	Krebs		
Mo 8.	17 37	8 01	9 10	+18 ,4		**Vollmond**	8^h57^m
Di 9.	18 53	8 34	10 08	+14 ,8	Löwe, Regulus		
Mi 10.	20 08	9 01	11 02	+10 ,6			
Do 11.	21 20	9 24	11 53	+ 5 ,9	Jungfrau	Libration West	
Fr 12.	22 29	9 46	12 42	+ 1 ,0			
Sa 13.	23 37	10 07	13 29	− 3 ,7	Spika	Größte Nordbreite	
So 14.	– –	10 28	14 16	− 8 ,2			
Mo 15.	0 43	10 52	15 02	−12 ,3	Waage	**Letztes Viertel**	21^h21^m
Di 16.	1 47	11 18	15 49	−15 ,8			
Mi 17.	2 50	11 49	16 38	−18 ,6	Schlangenträger	Erdferne	
Do 18.	3 50	12 28	17 27	−20 ,6			
Fr 19.	4 45	13 11	18 18	−21 ,8	Schütze		
Sa 20.	5 35	14 03	19 10	−21 ,9		Absteigender Knoten	
So 21.	6 18	15 03	20 02	−21 ,1	Steinbock		
Mo 22.	6 54	16 09	20 55	−19 ,1			
Di 23.	7 25	17 19	21 47	−16 ,3		**Neumond**	22^h13^m
Mi 24.	7 53	18 31	22 38	−12 ,5	Wassermann	Libration Ost	
Do 25.	8 17	19 45	23 29	− 8 ,1			
Fr 26.	8 40	21 00	0 20	− 3 ,2	Fische		
Sa 27.	9 03	22 16	1 10	+ 1 ,9		Größte Südbreite	
So 28.	9 27	23 33	2 02	+ 7 ,0	*		

Planetenlauf im Februar

Merkur kommt am 1. in untere Konjunktion. Da er sich rückläufig im Gebiet Steinbock/ Schütze bewegt, gewinnt er rasch Abstand von der Sonne und erreicht schon am 26. seine größte westliche Elongation. Trotz 27° (!) Sonnenabstand reicht es in unseren Breiten nicht für eine Morgensichtbarkeit, da die morgendliche Ekliptik sehr flach verläuft. Am 26. geht Merkur um 6^h14^m auf, die Dämmerung hat aber den Himmel schon zu sehr aufgehellt, um Merkur sichtbar werden zu lassen.

Venus vergrößert ihre Sichtbarkeitsdauer am Morgenhimmel. Am Monatsbeginn taucht sie um 6^h23^m auf, am Letzten schon um 4^h59^m. Am 10. wird Venus stationär, von da ab bewegt sie sich rechtläufig im Sternbild Schütze.

Am 25. erreicht sie mit $-4^m,3$ ihren größten Glanz. Sie ist das weitaus hellste Gestirn. Während alle anderen Sterne in der Morgendämmerung längst verblaßt sind, ist Venus noch bis Sonnenaufgang zu beobachten.

Mars wird immer langsamer und setzt am 21. zu seiner Oppositionsschleife an, d. h. er wird rückläufig und entfernt sich wieder etwas von Spika. Um die Monatsmitte erreicht die Helligkeit schon negative Werte, Ende Februar schließlich strahlt der „Kriegsplanet" mit $-0^m,5$. Das Marsscheibchen hat dann schon 12",0 Durchmesser. Der Marsaufgang verfrüht sich bis Monatsende auf 21^h18^m.

Jupiter kann in der zweiten Nachthälfte beobachtet werden. Sein Aufgang verlagert sich gegen Monatsende auf 23^h23^m. Am 24. wird er stationär und beginnt mit seiner Oppositionsschleife. Die Helligkeit steigt bis $-1^m,7$ an, das Planetenscheibchen erreicht 40" Durchmesser.

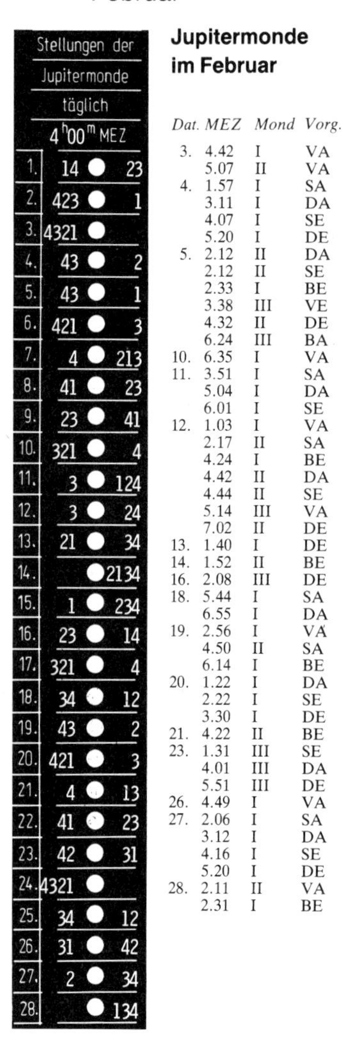

Jupitermonde im Februar

Dat.	*MEZ*	*Mond*	*Vorg.*
3.	4.42	I	VA
	5.07	II	VA
4.	1.57	I	SA
	3.11	I	DA
	4.07	I	SE
	5.20	I	DE
5.	2.12	II	DA
	2.12	II	SE
	2.33	I	BE
	3.38	III	VE
	4.32	II	DE
	6.24	III	BA
10.	6.35	I	VA
11.	3.51	I	SA
	5.04	I	DA
	6.01	I	SE
12.	1.03	I	VA
	2.17	II	SA
	4.24	I	BE
	4.42	II	DA
	4.44	II	SE
	5.14	III	VA
	7.02	II	DE
13.	1.40	I	DE
14.	1.52	II	BE
16.	2.08	III	DE
18.	5.44	I	SA
	6.55	I	DA
19.	2.56	I	VA
	4.50	II	SA
	6.14	I	BE
20.	1.22	I	DA
	2.22	I	SE
	3.30	I	DE
21.	4.22	II	BE
23.	1.31	III	SE
	4.01	III	DA
	5.51	III	DE
26.	4.49	I	VA
27.	2.06	I	SA
	3.12	I	DA
	4.16	I	SE
	5.20	I	DE
28.	2.11	II	VA
	2.31	I	BE

Saturn leitet gleich am 1. seine Oppositionsperiode ein: er bleibt stehen und wird anschließend rückläufig. Am 25. steht er deshalb zum zweiten Mal in diesem Jahr in Konjunktion mit Spika. Ende Februar geht er schon um 21^h35^m auf.
Uranus geht zu Monatsbeginn um 3^h28^m am Monatsende um 1^h45^m auf.
Neptun bleibt weiterhin unbeobachtbar.

Konstellationen und Ereignisse im Februar

Dat.	*MEZ*	*Ereignis*
1.	5^h	Merkur in unterer Konjunktion mit der Sonne
1.	6	Saturn im Stillstand, anschließend rückläufig
10.	15	Venus im Stillstand, anschließend rechtläufig
12.	17	Mond bei Mars, Mond 2° nördlich
12.	23	Mond bei Saturn, Mond 3° nördlich
12.	23	Merkur im Stillstand, anschließend rechtläufig
14.	10	Mond bei Jupiter, Mond 4° nördlich
16.	11	Mond bei Uranus, Mond 4° nördlich
18.	10	Mond bei Neptun, Mond 1°,0 nördlich
20.	17	Mond bei Venus, Mond 7° südlich
21.	6	Mars im Stillstand, anschließend rückläufig
21.	16	Mond bei Merkur, Mond 2° südlich
24.	15	Jupiter im Stillstand, anschließend rückläufig
25.	2	Venus im größten Glanz (-4^m,3)
26.	12	Merkur größte westliche Elongation (27°)

Der Fixsternhimmel im Februar

Noch beherrschen die Winterbilder eindeutig die Szene. Der Südhimmel ist bis in Zenitnähe reich an hellen Sternen. Sirius kulminiert eben. Unter „kulminieren" versteht man „die höchste Stellung im Süden einnehmen". Das dazugehörige Substantiv heißt „die Kulmination". Ein Gestirn kulminiert, wenn es den Meridian (Mittagslinie) durchwandert.
Der Schwerpunkt des Wintersechsecks (siehe Fixsternhimmel Januar) hat sich aber schon ein wenig nach Westen verlagert. Von den Herbstbildern sind nur noch Andromeda und Perseus erwähnenswert. Die anderen sind inzwischen ganz oder teilweise unter dem Westhorizont verschwunden.
Im Nordosten schiebt sich der Große Wagen langsam höher, während die Kassiopeia, das Himmels-W also, zum Horizont herabsinkt – diesen als Zirkumpolarbild aber nicht erreicht.
In Bezug auf den Himmelsnordpol stehen Himmels-W und Großer Wagen einander stets diametral gegenüber.
Im Osten ist bereits der Löwe voll aufgegangen. Regulus als einziger Stern erster Größe steht einsam in dieser Region.

Februar

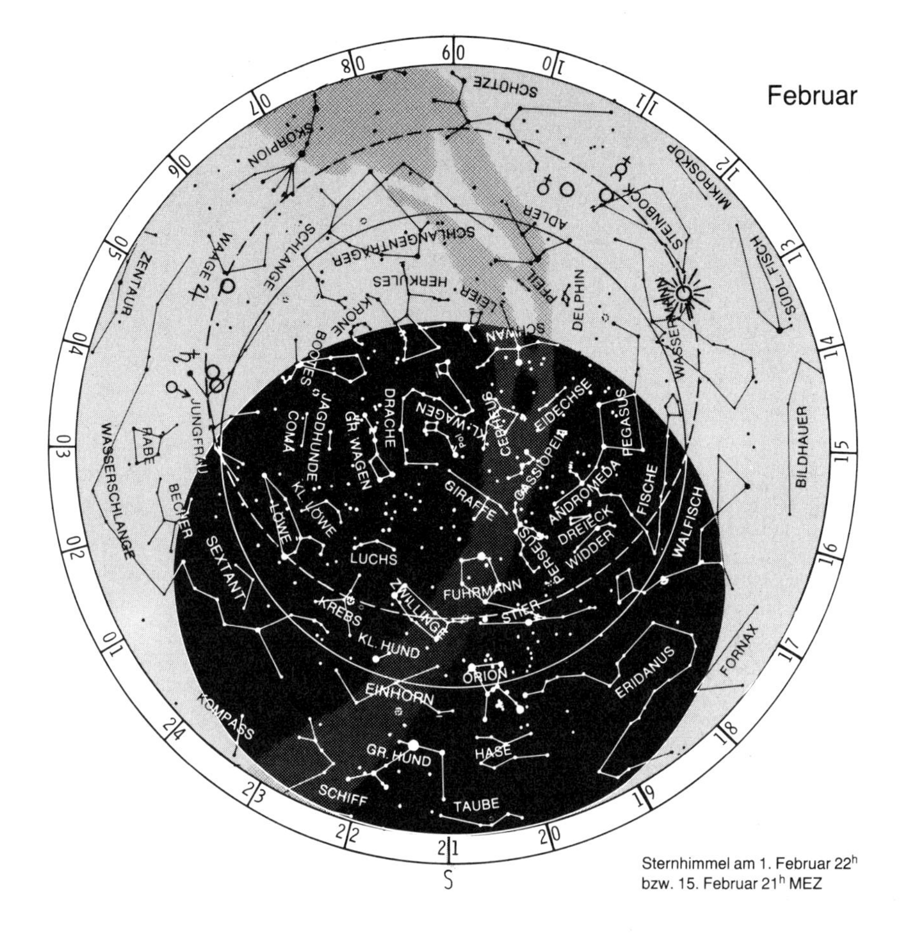

Sternhimmel am 1. Februar 22^h bzw. 15. Februar 21^h MEZ

Zwischen dem Löwen und den Zwillingen, die hoch im Süden stehen, findet sich der Krebs. Dem Namen nach kennt ihn jeder, da er zum Tierkreis gehört. Ihn am Himmel zu entdecken, fällt schon schwerer, da er nur aus lichtschwachen Sternen besteht. Gerade deswegen sollte man es versuchen. Bei mondloser Nacht und ohne Störung durch irdische Lichtquellen kann man im Krebs schon mit unbewaffnetem Auge den offenen Sternhaufen Praesepe (oder Krippe) sehen. Im Fernglas sollte man ihn auf alle Fälle finden.

Objekte für Feldstecher und Fernrohr: So manche Objekte, die man „theoretisch" ohne optische Hilfe erkennen sollte, werden durch die ungünstigen Beobachtungsbedingungen in unseren Städten erst mit dem Fernglas sichtbar. Selbst wenn man sie mit bloßem Auge noch findet, ihre wahre Pracht zeigt sich erst im Fernglas oder Teleskop.

Zu diesen Himmelsobjekten gehören in dieser Jahreszeit Andromeda- und Orionnebel, die offenen Sternhaufen Hyaden, Plejaden, h und χ im Perseus und die Krippe im Krebs.

Vorab ein kleiner Augentest: Man suche ϑ im Stier. Die Identifizierung mag Mühe machen, denn ϑ liegt mitten in den Hyaden. Wer ϑ gefunden hat, sollte ihn doppelt sehen. Die beiden Sterne sind ähnlich hell ($3^m,6$ und $3^m,9$) und 337" getrennt. Der etwas hellere leuchtet

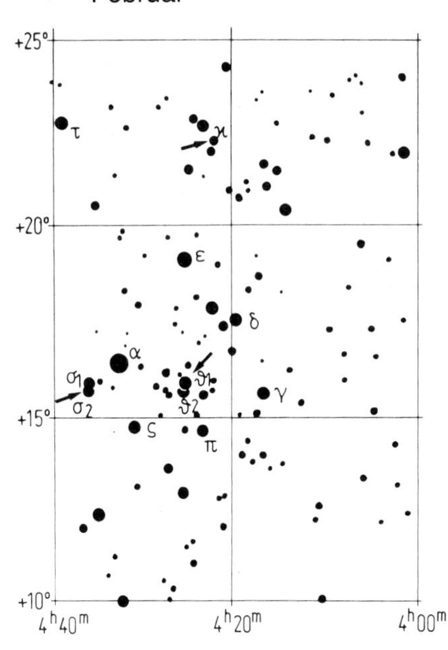

Abb. 25. Ausschnitt aus dem Sternbild Stier: der offene Sternhaufen der Hyaden.

gelblich, der schwächere weiß. Es lohnt sich, die Gegend mit dem Feldstecher abzugrasen – die Hyaden sind ein verstreuter Haufen.

Etwas dichter gedrängt sind die Plejaden (M45) im Stier, die auch dreimal weiter als die Hyaden von uns entfernt sind. Hyaden und Plejaden bilden das „Goldene Tor" der Ekliptik. Bei den Plejaden nicht zu stark vergrößern, sonst wird das Gesichtsfeld zu klein und der Gesamteindruck geht verloren! Wer unbedingt mit starker Fernrohrvergrößerung arbeiten will, sollte den Hauptstern Alcyone ins Visier nehmen und versuchen, ihn als vierfach zu erkennen.

Als leichte Feldstecherobjekte seien noch genannt: der Gasnebel M42 im Orion (unterhalb der drei Gürtelsterne), der Spiralnebel M31 in der Andromeda (ein wenig nördlich von β And), der offene Sternhaufen M44 (Praesepe oder Krippe) im Krebs sowie der doppelte Sternhaufen h und χ im Perseus. Bei h und χ lohnt auch die Einzelbeobachtung mit einem stärkeren Teleskop. Schon schwieriger für Feldstecher sind M33 (Spiralnebel) im Dreieck (südlich von β And) und die beiden offenen Haufen M67 über dem Kopf der Wasserschlange und M41 im Großen Hund (südlich von Sirius).

An Doppelsternen bieten sich an: δ Ori (westlicher Gürtelstern), Hauptstern $2^m,5$ weiß, tiefblauer Begleiter mit $6^m,8$, Distanz 53" (Feldstecher!).

α Gem (Kastor) zwei Sterne mit $2^m,0$ und $3^m,0$ in 1",95 Abstand. Dies erfordert schon ein Rohr mit mindestens 7 cm Öffnung und fünfzigfacher Vergrößerung! η Ori sollte man mit wenigstens 10 cm Objektivöffnung zu Leibe rücken. 1",4 sind die Komponenten A ($3^m,8$) und B ($4^m,8$) getrennt. A ist im übrigen veränderlich.

Veränderliche Sterne im Februar

Algol-Minima	$15^d23^h49^m$	$18^d20^h38^m$			
β-Lyrae-Minima	5^d17^h	18^d16^h			
δ-Cephei-Maxima	4^d15^h	9^d24^h	15^d08^h	20^d17^h	26^d02^h
Mira-Helligkeit	ca. 10^m, Minimum Ende Februar				

Monatsthema

Große Teleskope

Als Galileo Galilei sein bescheidenes, selbstgebasteltes Fernrohr gen Himmel richtete, tat sich ihm eine bisher verschlossene Welt auf. Er entdeckte eine Fülle von astronomischen Erscheinungen, die dem unbewaffneten Auge verborgen blieben: Gebirge und Ringwälle

Abb. 26. Das 3,5 m-Spiegelteleskop für das deutsch-spanische Observatorium auf dem Calar Alto in Südspanien; aufgenommen in der Montagehalle der Firma Zeiss in Oberkochen/Württemberg.

auf dem Mond, die Phasen der Venus, die Monde des Jupiter, Flecken auf der Sonne und vieles mehr. Wer selbst ein kleines Fernrohr besitzt, kann Galileis Entdeckungsreise am Firmament leicht nachvollziehen. Die Milchstraße zerfällt in Abertausende einzelner Lichtpünktchen.

Die Wirkung oder Leistung eines Fernrohres ist zweifach: Zum einen wird die Trennschärfe (Auflösung) erhöht, zum anderen wird mehr Licht eingefangen, so daß auch schwächere Sterne erkennbar werden. Ein Beispiel möge das näher erläutern: ein normalsichtiges Auge hat eine Trennschärfe von einer Bogenminute, ein kleines Fernrohr mit 5 cm Öffnung (Objektivdurchmesser) trennt bereits zwei Lichtpunkte, die nur drei Bogensekunden Winkelabstand voneinander aufweisen. Bei dunkeladaptiertem Auge (Pupillendurchmesser 5 mm) sehen wir Sterne bis 6^m, mit unserem 5 cm Teleskop Sterne bis 11^m, also hundertmal lichtschwächere Objekte. Die Leistung eines Fernrohres hängt also von seiner freien Öffnung ab: doppelter Objektivdurchmesser ergibt doppelt so gute Auflösung und vierfachen Lichtgewinn. Verständlich, daß sich die Astronomen stets um Teleskope mit möglichst großen Linsen und Spiegeln bemühten. Neben den Finanzen setzen jedoch technische Probleme eine Obergrenze. Das bisher und wohl für alle Zukunft größte Linsenfernrohr (Refraktor) der Welt steht im Yerkes-Observatorium in Williams Bay nahe Chikago. Sein Objektiv mißt 102 cm im Durchmesser und hat eine Brennweite von 18 m. Mit der Einweihung des Hooker-Reflektors auf dem Mt. Wilson-Observatorium in Kalifornien im Jahre 1917 gelang den Astronomen ein gewaltiger Sprung vorwärts. Mit 2½ m Objektivdurchmesser blieb dieses Spiegelteleskop für dreißig Jahre das größte der Welt. Mit ihm wurden die Randpartien des Andromedanebels in Einzelsterne aufgelöst, und Edwin P. Hubble entdeckte damit die Expansion des Universums.

Nach jahrzehntelanger Planungs- und Bauzeit wurde schließlich 1949 das berühmte Hale-Teleskop des Palomar Mountain-Observatoriums mit 508 cm Spiegeldurchmesser in Betrieb genommen. Es war das „größte Teleskop der Welt" schlechthin und wird oft heute noch mit diesem belegt, obwohl inzwischen das 610 cm Riesenfernrohr der Russen in Selentschukskaja (Kaukasus) fertiggestellt ist. Es ist somit das gegenwärtig größte Teleskop

der Welt. Seine Besonderheit: es ist nicht parallaktisch, sondern seine 800 t sind azimutal montiert. Das heißt, die eine Drehachse ist nicht wie sonst üblich parallel zur Erdachse ausgerichtet, sondern steht aus mechanischen Gründen lotrecht.
Aus der Probescheibe für den Guß des 5 m Palomar-Teleskops entstand der 3 m-Reflektor für das Lick-Observatorium auf dem Mount Hamilton bei San José in Kalifornien. Als das 3 m-Spiegelfernrohr 1959 eingeweiht wurde, war es das zweitgrößte Fernrohr der Erde.
Die größte Sternwarte der Erde, wenn man die optisch wirksame Gesamtfläche aller Teleskope berücksichtigt, steht auf dem Kitt Peak, einem Berg etwa 60 km westlich der Stadt Tucson. Hier in der ausnehmend klaren Luft Arizonas haben die Amerikaner ihr National-Observatorium errichtet. Das größte Fernrohr des Kitt Peak-National-Observatory ist der 4 m-Mayall-Reflektor, der 1973 in Betrieb ging. Inzwischen wurde ein weiterer 4 m-Spiegel auf dem Cerro Tololo in Chile aufgestellt, um den Südhimmel mit einem gleichwertigen Instrument beobachten zu können.
Ebenfalls zum exklusiven Club der Sternwarten mit 3 m-Teleskopen und größer gehört das Observatorium auf dem Vulkan Mauna Kea auf Hawaii.
Im deutschsprachigen Raum war lange der 120 cm-Schmidt-Spiegel („Himmelskamera") das größte Teleskop. Im Jahre 1960 nahm das 2 m-Universal-Teleskop des Karl Schwarzschild-Observatoriums in Tautenburg bei Jena seine Beobachtungstätigkeit auf. Dieses Teleskop ist auch als Schmidt-Kamera einsetzbar. Mit 134 cm freier Öffnung der Korrektionsplatte ist es das größte Schmidt-Teleskop der Welt.
1969 erhielt das L. Figl-Observatorium auf dem Schöpfl bei Wien sein 1,5 m-Spiegel-Teleskop.
Da bei uns in Mitteleuropa jährlich höchstens 40–50 Nächte für astronomische Beobachtungen nutzbar sind, gründete man zuletzt ein deutsch-spanisches Observatorium. Auf dem Calar Alto in über 2000 m Höhe in der Sierra de los Filabres (Südspanien) gibt es nämlich im Schnitt 200 klare Nächte pro Jahr. Das Max-Planck-Institut für Astronomie in Heidelberg hat dort ein 1,23- und ein 2,2 m-Teleskop aufgestellt, die Spanier ein 1,5 m-Teleskop. Im Jahre 1983 soll als Krönung dann ein 3,5 m-Reflektor seine Arbeit aufnehmen.
Die Europäer betreiben ferner auf dem Berg La Silla in Chile eine gemeinsame Südsternwarte, deren größtes Fernrohr ein 3,6 m-Spiegel-Teleskop ist.
Auch bei großen Teleskopen stört die Lufthülle unseres Planeten empfindlich. Deshalb plant die NASA, in Kürze ein 2,4 m-Teleskop in eine Erdumlaufbahn zu schießen. Ohne störende meteorologische Einflüsse wird es das leistungsfähigste Weltraumauge der Menschheit sein.

Die größten Teleskope der Erde

Observatorium	*freie Öffnung*	*Inbetriebnahme*
Selentschukskaja (Kaukasus) UdSSR	610 cm	1977
Palomar Mountain, Pasadena, Kalifornien	508 cm	1949
La Palma, Kanarische Inseln	422 cm	1982
Kitt Peak National Observatory, Arizona	401 cm	1973
Amerikanische Südsternwarte (AURA) Cerro Tololo, Chile	401 cm	1976
Siding Springs, Coonabaraban, Australien	390 cm	1974
Mauna Kea, Hawaii	381 cm	1979
	360 cm	1980
	320 cm	1980
Europäische Südsternwarte (ESO), La Silla, Chile	360 cm	1976
Deutsch-Spanisches Observatorium Calar Alto, Südspanien	350 cm	1983
Lick-Observatorium, Mt. Hamilton, Kalifornien	305 cm	1959

März

Sonnenlauf

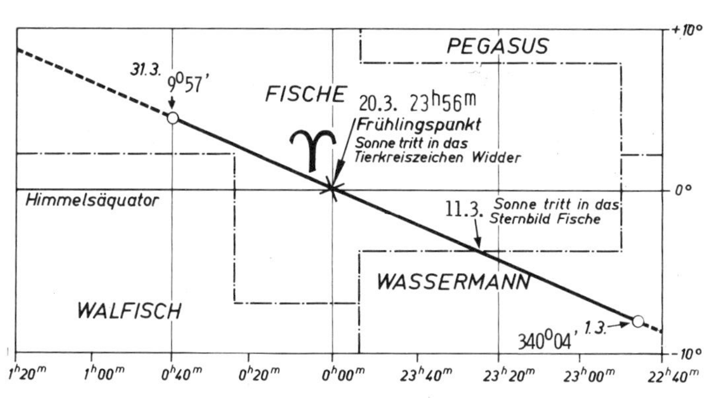

Himmelswagen
Anfang März 22^h

Tages- und Nachtstunden im März

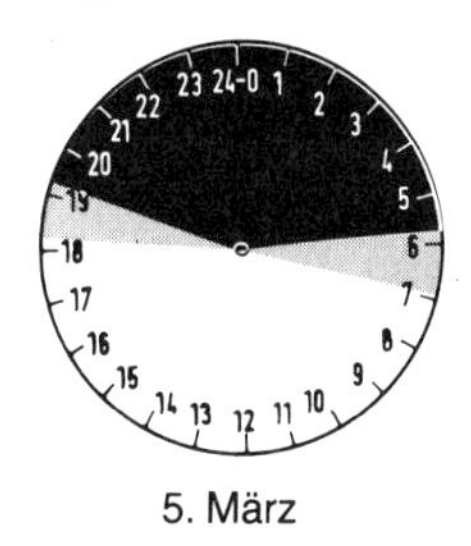

5. März

15. März

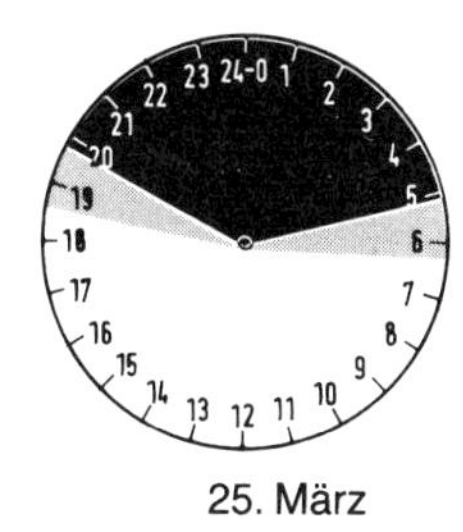

25. März

Sonne

Dat.	Aufg.	Unterg.	Kulmin.	Rektas.	Deklin.	Sternzeit
02.	7^h02^m	18^h03^m	12^h32^m	22^h50^m	−7°,4	10^h38^m
07.	6 52	18 11	12 31	23 09	−5 ,5	10 58
12.	6 41	18 19	12 30	23 27	−3 ,5	11 17
17.	6 31	18 27	12 29	23 46	−1 ,6	11 37
22.	6 20	18 35	12 27	0 04	+0 ,4	11 57
27.	6 09	18 43	12 26	0 22	+2 ,4	12 16

Julianisches Datum am 1. März, 1^h MEZ: 2 445 029.5

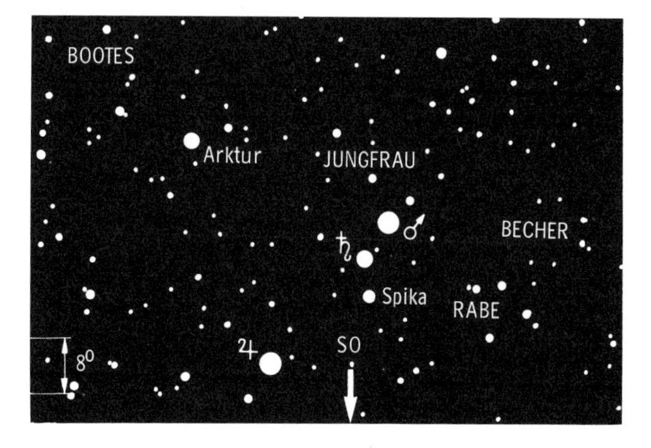

Abb. 27. Himmelsanblick in der 2. März-Hälfte gegen 23^h MEZ.

März

Mondlauf im März

Dat.	*Aufg.*	*Unterg.*	*Rektas.*	*Deklin.*	*Sterne und Sternbilder*	*Phase*	*MEZ*
Mo 1.	9^h54^m	– –	2^h55^m	+11°,8	Widder		
Di 2.	10 26	0^h50^m	3 50	+15 ,9	Stier	**Erstes Viertel**	23^h15^m
Mi 3.	11 05	2 06	4 48	+19 ,2	*Aldebaran		
Do 4.	11 54	3 17	5 48	+21 ,3	*	Erdnähe	
Fr 5.	12 53	4 21	6 49	+22 ,1	Zwillinge	Aufsteigender Knoten	
Sa 6.	14 01	5 14	7 50	+21 ,4	Kastor, Pollux		
So 7.	15 14	5 57	8 49	+19 ,4	Krebs		
Mo 8.	16 30	6 32	9 47	+16 ,3	Löwe,		
Di 9.	17 45	7 01	10 41	+12 ,3	Regulus	**Vollmond**	21^h45^m
Mi 10.	18 59	7 25	11 33	+ 7 ,7			
Do 11.	20 10	7 47	12 23	+ 2 ,8	Jungfrau	Libration West	
Fr 12.	21 19	8 08	13 11	– 2 ,0	Spika	Größte Nordbreite	
Sa 13.	22 27	8 30	13 58	– 6 ,7			
So 14.	23 33	8 52	14 45	–11 ,0	Waage		
Mo 15.	– –	9 17	15 33	–14 ,8			
Di 16.	0 37	9 46	16 21	–17 ,9	Skorpion, Antares		
Mi 17.	1 39	10 21	17 10	–20 ,3	Schlangenträger	**Letztes Viertel** Erdferne	18^h15^m
Do 18.	2 36	11 02	18 00	–21 ,7	Schütze		
Fr 19.	3 28	11 51	18 52	–22 ,2		Absteigender Knoten	
Sa 20.	4 13	12 48	19 44	–21 ,7			
So 21.	4 52	13 51	20 36	–20 ,1	Steinbock		
Mo 22.	5 25	14 59	21 28	–17 ,5			
Di 23.	5 53	16 11	22 19	–14 ,0	Wassermann	Libration Ost	
Mi 24.	6 19	17 26	23 11	– 9 ,8			
Do 25.	6 42	18 42	0 02	– 4 ,9	Fische	**Neumond**	11^h17^m
Fr 26.	7 07	19 59	0 53	+ 0 ,3	Walfisch	Größte Südbreite	
Sa 27.	7 29	21 18	1 46	+ 5 ,6	Fische		
So 28.	7 56	22 38	2 40	+10 ,7	Widder		
Mo 29.	8 26	23 56	3 36	+15 ,2	*Stier	Erdnähe	
Di 30.	9 04	– –	4 34	+18 ,7	*Aldebaran		
Mi 31.	9 50	1 11	5 34	+21 ,2	*		

Planetenlauf im März

Merkur bleibt im März unbeobachtbar.

Venus bleibt Morgenstern, verliert aber etwas an Sichtbarkeitsdauer durch die früher aufgehende Sonne. Zu Monatsbeginn geht Venus um 4^h58^m auf, die Sonne um 7^h04^m, am Monatsende taucht Venus um 4^h25^m auf, die Sonne aber schon um 6^h00^m.

Mars steht am 31. in Opposition zur Sonne. Das bedeutet: günstigste Sichtbarkeitsperiode! Am 31. geht Mars um 18^h30^m auf und um 6^h27^m unter, ist also die ganze Nacht über zu beobachten. Seine Oppositionshelligkeit beträgt $-1^m,2$. Er wird nur noch von dem später aufgehenden Jupiter übertroffen. Sein größter Scheibchendurchmesser beträgt 14'',8. Mit knapp 96 Millionen Kilometer Oppositionsdistanz ist Mars noch vergleichsweise weit entfernt, es gibt wesentlich günstigere Oppositionsstellungen (siehe Monatsthema März: „Mars in Erdnähe“).

Jupiter strebt seine Opposition an und bewegt sich rückläufig von der Waage wieder in die Jungfrau. Die Helligkeit wächst auf $-1^m,9$. Am Monatsende erscheint der Riesenplanet schon kurz nach neun Uhr abends im Südosten.

Saturn wird zum Planeten der ganzen Nacht. Der Sternkundige weiß: die Opposition ist nicht mehr ferne! Kommt er am Monatsanfang erst um halb zehn Uhr abends über den Horizont, so erfolgt sein Aufgang am 31. schon um 19^h22^m. Auch wird der Ringplanet etwas

Abb. 28. Bahn des Kleinplaneten Pallas um die Oppositionszeit 1982 im Sternbild Haar der Berenike.

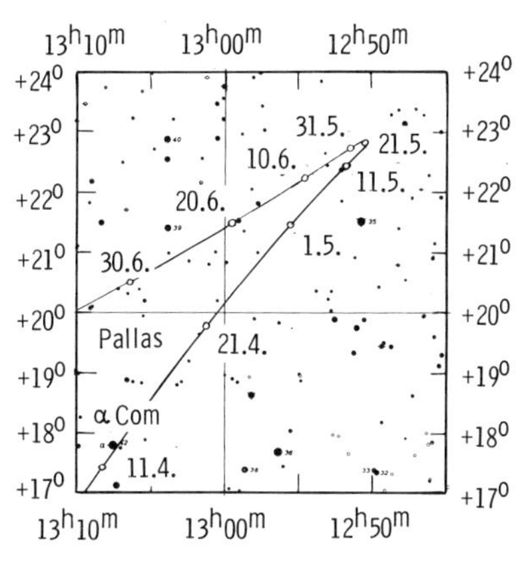

Abb. 29. Die Bahnen der Planeten Mars und Saturn sowie des Kleinplaneten Pallas 1982 im Bereich der Sternbilder Bootes – Haar der Berenike – Jungfrau. Die Zahlen geben die Positionen am jeweiligen Monatsersten an.

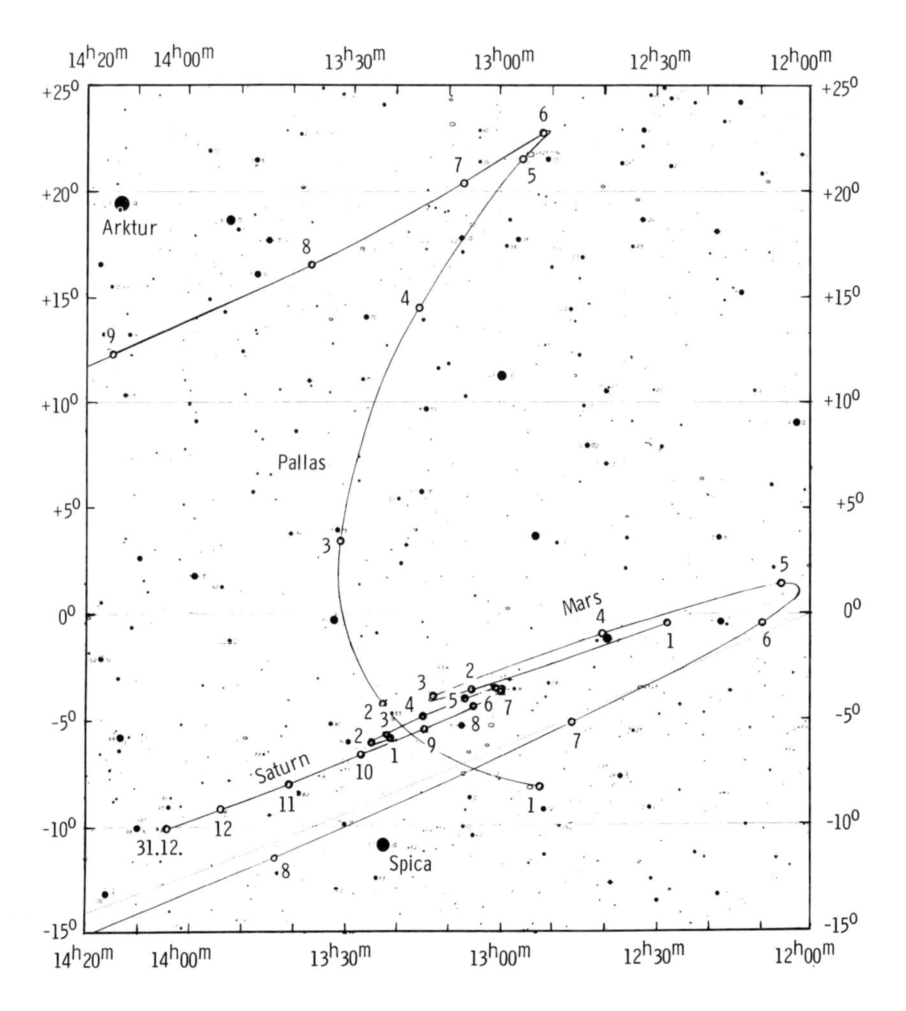

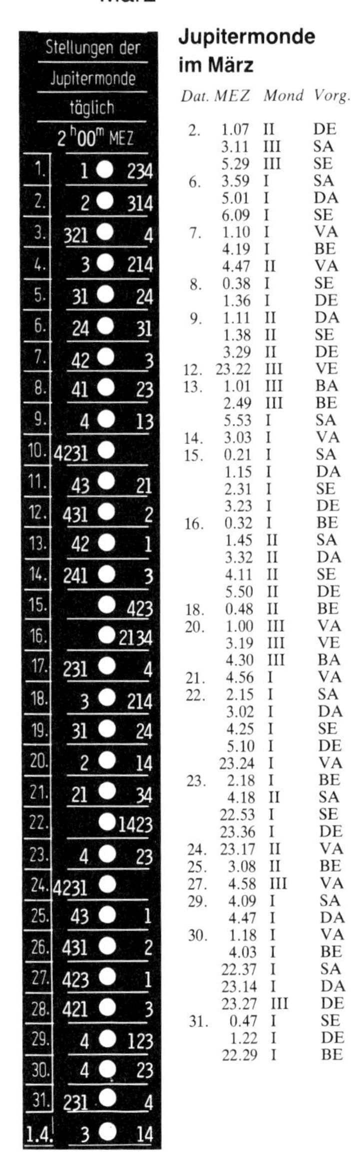

Jupitermonde im März

Dat.	*MEZ*	*Mond*	*Vorg.*
2.	1.07	II	DE
	3.11	III	SA
	5.29	III	SE
6.	3.59	I	SA
	5.01	I	DA
	6.09	I	SE
7.	1.10	I	VA
	4.19	I	BE
	4.47	II	VA
8.	0.38	I	SE
	1.36	I	DE
9.	1.11	II	DA
	1.38	II	SE
	3.29	II	DE
12.	23.22	III	VE
13.	1.01	III	BA
	2.49	III	BE
	5.53	I	SA
14.	3.03	I	VA
15.	0.21	I	SA
	1.15	I	DA
	2.31	I	SE
	3.23	I	DE
16.	0.32	I	BE
	1.45	II	SA
	3.32	II	DA
	4.11	II	SE
	5.50	II	DE
18.	0.48	II	BE
20.	1.00	III	VA
	3.19	III	VE
	4.30	III	BA
21.	4.56	I	VA
22.	2.15	I	SA
	3.02	I	DA
	4.25	I	SE
	5.10	I	DE
	23.24	I	VA
23.	2.18	I	BE
	4.18	II	SA
	22.53	I	SE
	23.36	I	DE
24.	23.17	II	VA
25.	3.08	II	BE
27.	4.58	III	VA
29.	4.09	I	SA
	4.47	I	DA
30.	1.18	I	VA
	4.03	I	BE
	22.37	I	SA
	23.14	I	DA
	23.27	III	DE
31.	0.47	I	SE
	1.22	I	DE
	22.29	I	BE

leuchtkräftiger: zu Jahresanfang noch $0^m,9$ hell, erreicht er im März $0^m,6$. Am 12. wandert der abnehmende Mond gegen 6^h 3° nördlich am Ringplaneten vorbei.

Uranus kann in der zweiten Nachthälfte im Skorpion aufgesucht werden. Seine Helligkeit steigt geringfügig um zwei Zehntelgrößenklassen auf $5^m,8$ an. Am 9. wird er stationär und setzt zur Oppositionsschleife an.

Neptun wird Ende des Monats stationär und anschließend rückläufig. Noch immer ist er kein empfehlenswertes Beobachtungsobjekt, obwohl er am 31. schon um 1^h27^m aufgeht und von etwa 3^h bis 4^h aufgesucht werden kann (siehe auch Aufsuchkärtchen Neptun auf Seite 73).

Ceres wird am 23. stationär und setzt zu ihrer Oppositionsschleife an.

Periodische Sternschnuppenströme im März

Den ganzen Monat über sind um Mitternacht herum die Virginiden (Ausstrahlungspunkt oder Radiant in der Jungfrau, etwa 14° südlich von β Leonis (Denebola)) zu sehen. Die Häufigkeit ist nicht überwältigend, das Maximum erst Anfang April zu erwarten.

Konstellationen und Ereignisse im März

Dat.	*MEZ*	*Ereignis*
8.	2^h	Merkur im Aphel
9.	21	Uranus im Stillstand, anschließend rückläufig
11.	23	Mond bei Mars, Mond 2° nördlich
12.	6	Mond bei Saturn, Mond 3° nördlich
13.	18	Mond bei Jupiter, Mond 4° nördlich
15.	20	Mond bei Uranus, Mond 4° nördlich
17.	19	Mond bei Neptun, Mond $0^o,7$ nördlich
20.	23^h56^m	Sonne im Frühlingspunkt, Tagundnachtgleiche
21.	15	Mond bei Venus, Mond 5° südlich
24.	2	Mond bei Merkur, Mond 2° südlich
29.	18	Neptun im Stillstand, anschließend rückläufig
31.	11	Mars in Opposition zur Sonne (Entfernung Erde – Mars: 95,7 Millionen Kilometer)

Der Fixsternhimmel im März

Ein Blick zum abendlichen Sternenzelt belehrt den Sternfreund: der Winter geht zu Ende, der Frühling naht, selbst wenn die Witterung scheinbar das Gegenteil beweisen will.
Die Wintersternbilder sind allesamt am Westhimmel zu finden. Orion und Sirius sind zum Untergang bereit, der Stier mit dem roten Aldebaran steht im Westen.

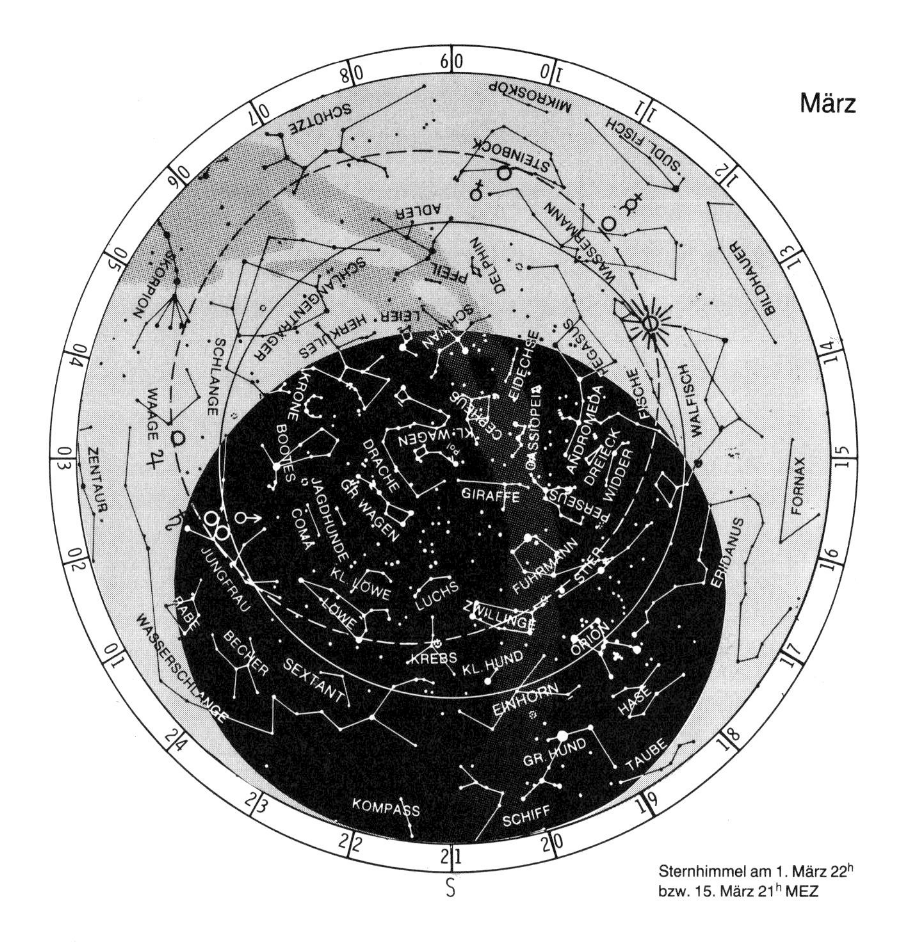

Sternhimmel am 1. März 22^h
bzw. 15. März 21^h MEZ

Der Große Wagen hat sich emporgeschwungen. Seine Deichsel weist auf den hellen, orangerot leuchtenden Arktur, den Hauptstern des Bootes, der nun im Osten aufgegangen ist.
Der Krebs hat seine höchste Position erreicht und durchschreitet den Meridian. Ihm folgt hoch im Südosten der Löwe mit dem hellen Regulus.
Der fortgeschrittene Sternfreund sollte von Mal zu Mal versuchen, auch schwächere und weniger populäre Bilder aufzusuchen. Zwei empfehlen sich jetzt aufgrund ihrer günstig hohen Stellung: der Luchs (Lynx) und der Kleine Löwe (Leo Minor). Der Luchs steht nördlich des Krebses und nimmt die Gegend um den Zenit (Scheitelpunkt) ein. Den Kleinen Löwen entdeckt man oberhalb des (Großen) Löwen.

Aus der Sagenwelt der Sternbilder: Der Krebs (Cancer)
Der Krebs ist wohl die unscheinbarste Figur des gesamten Zodiak (Tierkreis), vielleicht ein Hinweis darauf, daß der Krebs von Herkules zerschmettert wurde, als er ihn während seines Kampfes mit der schrecklichen Hydra in die große Zehe zwickte. Juno versetzte ihn zur Erinnerung ans Firmament.

Einer anderen Version nach hält der Krebs eine hübsche Nymphe so lange mit seinen Scheren fest, bis der liebestolle Zeus sie zu packen bekommt. Zeus revanchierte sich und machte den Krebs unsterblich, indem er ihn unter die Sterne versetzte.
Die Sterne dieses Bildes wurden von Aratos mit καρκίνος (Krebs) benannt. Hipparch und Ptolemäos übernahmen diese Bezeichnung. Der römische Dichter Ovid spricht von einem „Oktopus", wobei er sich auf griechische Quellen beruft. Chaldäische Sterndeuter erkannten in diesem Bild das „Tor der Menschheit", durch welches die Seelen der Menschen vom Himmel herabsteigen und in die irdischen Körper hineinschlüpfen. Moderne Sterndeuter sehen in den drei Tierkreisbildern Krebs – Skorpion – Fische das sogenannte „Wassertrigon".
Für die alten Ägypter verkörperte dieses Sternbild die Macht der Finsternis. Anderen Quellen zufolge war es eine der Nilgottheiten. Auch als Skarabäus wurde der Krebs angesehen, ein Symbol der Unsterblichkeit.
Der arabische Astronom Al Biruni nennt dieses Sternengebiet Al Liha, was „weicher Gaumen" heißt.
Vom 20. Juli bis zum 10. August wandert die Sonne durch den Krebs. In vergangenen Jahrhunderten lag hier das Sommersolstitium. Wir sprechen deshalb heute noch vom Wendekreis des Krebses. Der Sommerpunkt liegt inzwischen infolge der Erdpräzession 33° westlich im Sternbild der Zwillinge (bei dem Stern η Geminorum). Als Tierkreisbild der Sommersonnenwende wurde der Krebs bei den Akkadiern als „nördliches Tor der Sonnenbahn" bezeichnet.
Im Jahre 1531 tauchte im Krebs der Halleysche Komet auf. Im Juni 1895 waren mit Ausnahme von Saturn und Uranus alle Planeten in diesem Gebiet – eine ungewöhnliche Konstellation! Von einem damals befürchteten Weltuntergang ist allerdings nichts überliefert . . .
Der Stern α Cnc (Cancri) soll die eine Schere andeuten und heißt Acubens (von Al Zuben). β Cnc hat den arabischen Namen Al Tarf („das Ende") erhalten und markiert den letzten südlichen Fuß.
γ und δ Cnc heißen Asellus borealis und Asellus australis, also nördliches und südliches Eselchen. Diese beiden Sterne nehmen den offenen Sternhaufen „Krippe" (Praesepe) in ihre Mitte – daher diese Namen.

Veränderliche Sterne im März

Algol-Minima	$10^d22^h23^m$	$13^d19^h13^m$				
β-Lyrae-Minima	3^d14^h	16^d13^h	29^d11^h			
δ-Cephei-Maxima	3^d11^h	8^d19^h	14^d04^h	19^d13^h	24^d22^h	30^d07^h
Mira-Helligkeit	ca. 10^m, kurz nach dem Minimum					

Monatsthema

Mars in Erdnähe

Etwa alle zwei Jahre (genau immer nach 780 Tagen) überholt die Erde unseren äußeren Nachbarplaneten, den Mars. Wegen seiner rötlichen Farbe spricht man gerne vom „roten Planeten". Stehen Sonne – Erde – Mars in einer Linie, so ist die kürzeste Entfernung des Mars von der Erde erreicht. Man sagt, Mars steht in Opposition (Gegenschein) zur Sonne. Wie der Vollmond geht Mars dann im Osten mit Sonnenuntergang auf, steht um Mitter-

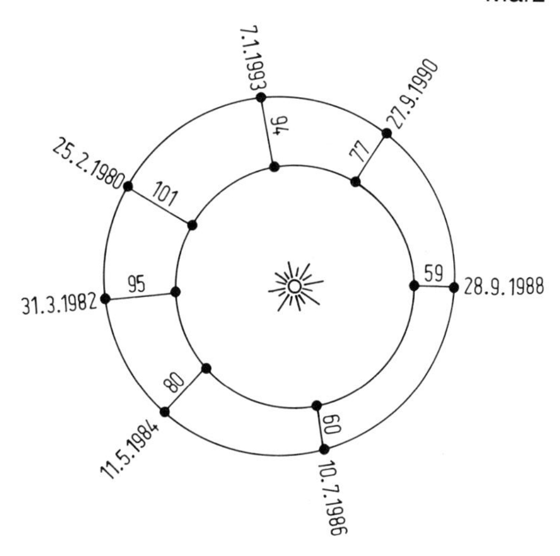

Abb. 30. Die Bahnen der Planeten Erde und Mars mit den jeweiligen Oppositionen von 1980 bis 1993. Durch die stark exzentrische Bahn des Mars ergeben sich beträchtliche Unterschiede in den Oppositionsdistanzen (Entfernungsangaben in Millionen Kilometer).

nacht im Süden am höchsten und geht mit Sonnenaufgang schließlich im Westen unter. Er ist in dieser Position die ganze Nacht über zu sehen.
Wegen der elliptischen Bahn des Mars fällt der Tag der Opposition nicht exakt mit dem Tag der kleinsten Erdentfernung zusammen. So erreicht Mars am 5. April 1982 um 7^h06^m seinen geringsten Abstand zur Erde. Seine Entfernung beträgt zu diesem Zeitpunkt 0,63512 AE (AE = Astronomische Einheit, mittlere Entfernung Erde – Sonne), das sind rund

Abb. 31. Klassische Marskarte mit Oberflächenstrukturen, die von der Erde aus mit Teleskopen zu beobachten sind.

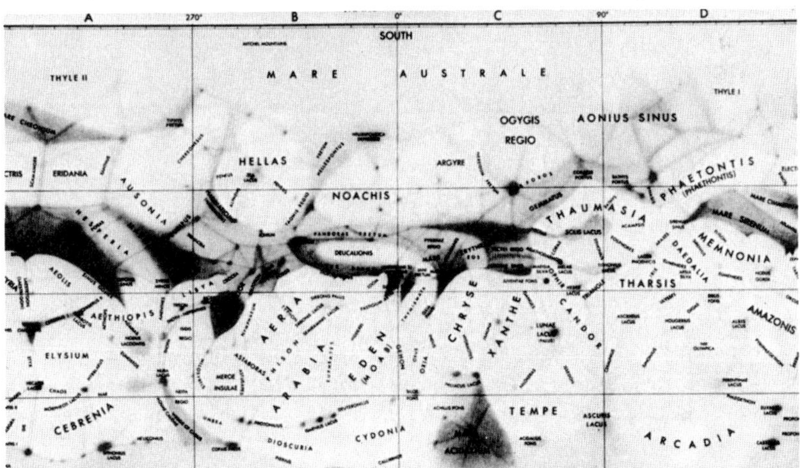

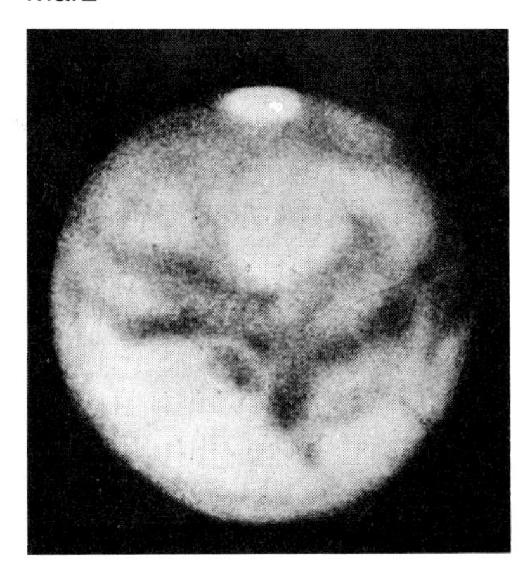

Abb. 32. Fotografische Aufnahme des Mars von der Erde aus. Deutlich ist die weiße Polkappe erkennbar.

95 Millionen Kilometer. In Opposition steht Mars 1982 aber schon am 31. März um 11^h06^m. Bei dieser Entfernung erscheint das Marsscheibchen unter einem Winkel von 14",74. Das ist so ziemlich der kleinste Wert für eine Opposition. Wegen der exzentrischen Bahn des Mars fallen nämlich die Oppositionsdistanzen recht unterschiedlich aus. Im August 1924 war Mars nur 55,8 Millionen Kilometer (Marsscheibchen: 25"), im Februar 1980 jedoch 101,3 Millionen Kilometer (Marsscheibchen: 13",82) entfernt. Für Marsbeobachter ist 1982 also kein so günstiges Jahr. Erst 1988 findet wieder eine ausgesprochen günstige Marsopposition statt (Distanz: 58,8 Millionen Kilometer).
Schon immer haben Fernrohrbeobachter den roten Planeten bevorzugt, läßt er doch wegen seiner dünnen Atmosphäre eine Menge Oberflächendetails erkennen: dunkle und helle Gebiete, Sandstürme, weiße Polkappen. Apropos Polkappen: sie ändern ihre Größe je nach Jahreszeit. Auch auf Mars gibt es Jahreszeiten, denn seine Äquatorebene ist um 24° aus seiner Bahnebene herausgekippt – fast der gleiche Wert wie für die Erde.
Am 24. Februar 1982 beginnt auf der Nordhalbkugel der Marssommer. Sie ist dann der Sonne und wegen der Opposition damit auch der Erde zugekehrt. Marsbeobachter müßten einen Rückgang der Nordpolarkappe registrieren. Am 27. August 1982 beginnt dann der Herbst für die Marsnordhalbkugel.
Irdische Raumsonden flogen am Mars vorbei, umkreisten ihn und landeten sogar weich auf seiner Oberfläche (Viking I und II). Sie sandten uns viele Meßdaten und herrliche Aufnahmen dieses wüstenähnlichen, wasserarmen Planeten. Krater und Ringwälle wie auf dem Mond, Gebirgsmassive, gewaltige Grabenbrüche, tiefe Cañons und Vulkane wurden entdeckt. All dies bleibt dem irdischen Beobachter am Fernrohr verborgen. Selbst die beiden winzigen Marsmonde Phobos (Furcht) und Deimos (Schrecken) sind nur mittels Riesenteleskopen beobachtbar und bleiben Amateurfernrohren unzugänglich.
Trotzdem: ein Blick auf Mars lohnt auch mit eigenen, bescheidenen optischen Hilfsmitteln. Man stelle sich die Aufgabe, einmal selbst die Länge eines Marstages zu bestimmen! Der genaue Wert einer Marsrotation sei hier schon verraten: $24^h37^m23^s$.

April

Sonnenlauf

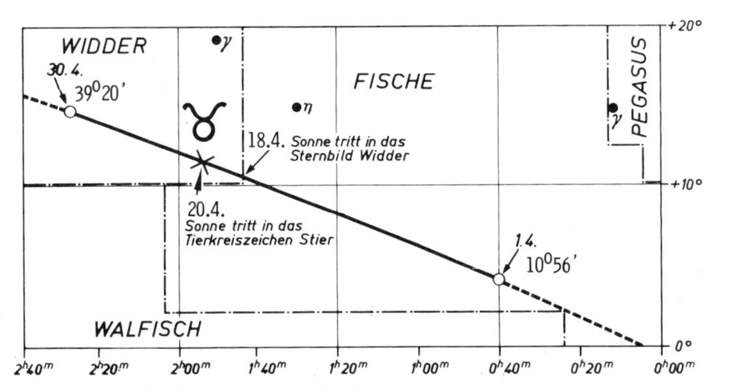

Himmelswagen
Anfang April 22h

Tages- und Nachtstunden im April

5. April

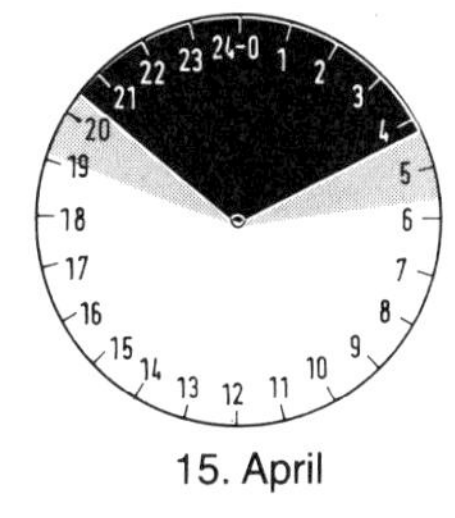

15. April

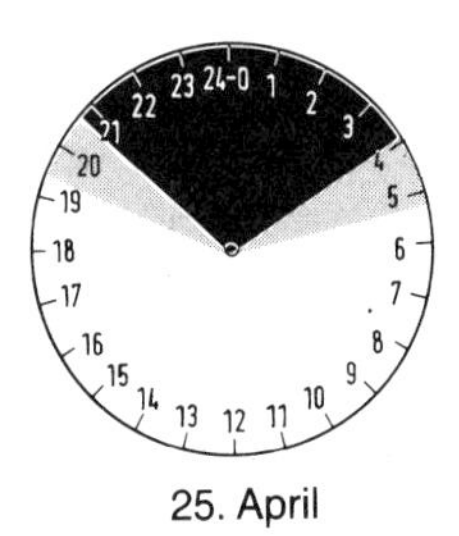

25. April

Sonne

Dat.	Aufg.	Unterg.	Kulmin.	Rektas.	Deklin.	Sternzeit
01.	5^h58^m	18^h51^m	12^h24^m	0^h40^m	+ 4°,3	12^h36^m
06.	5 47	18 59	12 23	0 58	+ 6 ,2	12 56
11.	5 37	19 07	12 21	1 17	+ 8 ,1	13 16
16.	5 26	19 15	12 20	1 35	+ 9 ,9	13 35
21.	5 16	19 22	12 19	1 54	+11 ,7	13 55
26.	5 06	19 30	12 18	2 13	+13 ,3	14 15

Julianisches Datum am 1. April, 1^h MEZ: 2 445 060.5

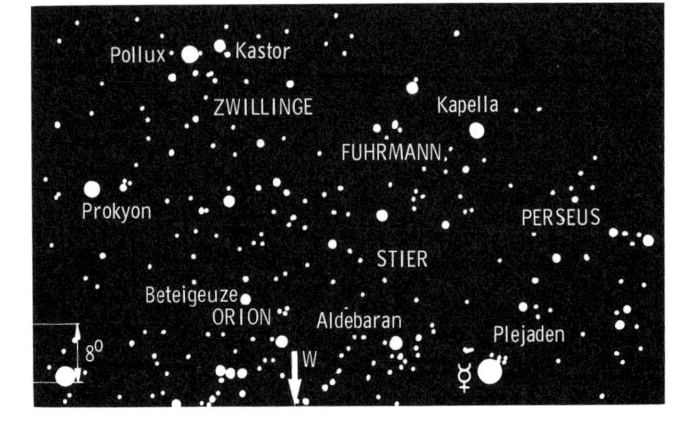

Abb. 33. Himmelsanblick am 30. 4. gegen 20^h40^m MEZ.

April

Mondlauf im April

Dat.	*Aufg.*	*Unterg.*	*Rektas.*	*Deklin.*	*Sterne und Sternbilder*	*Phase*	*MEZ*
Do 1.	10^h45^m	2^h17^m	6^h35^m	$+22^o,3$	*Zwillinge	**Erstes Viertel**	6^h08^m
						Aufsteigender Knoten	
Fr 2.	11 50	3 13	7 36	+21 ,9	Kastor, Pollux		
Sa 3.	13 01	3 58	8 35	+20 ,2	Krebs, Krippe		
So 4.	14 15	4 34	9 32	+17 ,4	Löwe		
Mo 5.	15 29	5 04	10 26	+13 ,6	Regulus		
Di 6.	16 42	5 29	11 17	+ 9 ,2		Libration West	
Mi 7.	17 53	5 51	12 07	+ 4 ,5	Jungfrau		
Do 8.	19 03	6 11	12 55	− 0 ,4	Spika	**Vollmond**	11^h18^m
						Größte Nordbreite	
Fr 9.	20 11	6 32	13 42	− 5 ,2			
Sa 10.	21 19	6 54	14 29	− 9 ,8	Waage		
So 11.	22 24	7 18	15 16	−13 ,8			
Mo 12.	23 28	7 45	16 04	−17 ,2	Skorpion		
Di 13.	– –	8 17	16 54	−19 ,8	Schlangenträger		
Mi 14.	0 27	8 55	17 44	−21 ,6		Erdferne	
Do 15.	1 22	9 41	18 35	−22 ,4	Schütze	Absteigender Knoten	
Fr 16.	2 09	10 34	19 26	−22 ,2		**Letzes Viertel**	13^h42^m
Sa 17.	2 50	11 34	20 18	−21 ,0	Steinbock		
So 18.	3 25	12 39	21 09	−18 ,8			
Mo 19.	3 54	13 49	22 00	−15 ,7	Wassermann		
Di 20.	4 20	15 01	22 51	−11 ,7		Libration Ost	
Mi 21.	4 44	16 16	23 41	− 7 ,0	Fische		
Do 22.	5 06	17 34	0 33	− 1 ,9	Walfisch	Größte Südbreite	
Fr 23.	5 30	18 54	1 25	+ 3 ,5	Fische	**Neumond**	21^h29^m
Sa 24.	5 55	20 16	2 19	+ 8 ,9	Widder		
So 25.	6 24	21 38	3 16	+13 ,8		Erdnähe	
Mo 26.	6 59	22 57	4 15	+17 ,9	*Stier		
Di 27.	7 43	– –	5 16	+20 ,8			
Mi 28.	8 37	0 09	6 19	+22 ,4	Zwillinge	Aufsteigender Knoten	
Do 29.	9 40	1 11	7 21	+22 ,4	*Kastor, Pollux		
Fr 30.	10 51	2 00	8 22	+21 ,0	Krebs, Krippe	**Erstes Viertel**	13^h07^m

Planetenlauf im April

Merkur läuft der Sonne nach und holt sie am 11. ein, er steht dann in oberer Konjunktion. Ab 21. ist er theoretisch schon in der Abenddämmerung im Westnordwesten zu erkennen, mit Sicherheit ab dem 25. Der schnelle Planet wandert durch Widder und Stier.

Venus erreicht am 1. ihre größte westliche Elongation (46°) und bleibt das dominierende Gestirn am Morgenhimmel. Die schmale Sichel des abnehmenden Mondes steht am 20. morgens vier Grad südlich der Venus, ein reizvoller Anblick. Zu Monatsbeginn geht die Venus um 4^h24^m, am Monatsende um 3^h43^m auf. Achtung Fernrohrbesitzer: Am 2. ist Halbvenus (Dichotomie), Durchmesser des Venushalbscheibchens: 24",6.

Mars ist nach wie vor Beobachtungsobjekt der gesamten Nacht. Ende April steht Mars in der Abenddämmerung schon hoch im Südosten. Am 5. erreicht er mit 95 Millionen Kilometer die geringste Entfernung. Seine Helligkeit geht auf $-0^m,6$ zurück.

Jupiter steht am 26. in Gegenschein (Opposition) zur Sonne. Das besagt alles! Sichtbarkeit: ganze Nacht, größte Helligkeit ($-2^m,0$), größter Scheibchendurchmesser (Äquatordurchmesser: 44",5, Poldurchmesser 41",5, Jupiter besitzt die zweitgrößte Abplattung aller Planeten wegen seiner raschen Rotation von knapp 10 Stunden). Zur Opposition erreicht der größte Planet den geringsten Erdabstand mit 663 Millionen Kilometer. Mitte November steht er dann mit 956 Millionen Kilometer in Erdferne. Aufgang am 1.: 21^h06^m, Untergang am 1.: 7^h09^m. Aufgang am 30.: 18^h53^m, Untergang am 30.: 5^h07^h. Am 9. ist Jupiter 3° südlich vom noch fast vollen Mond zu finden.

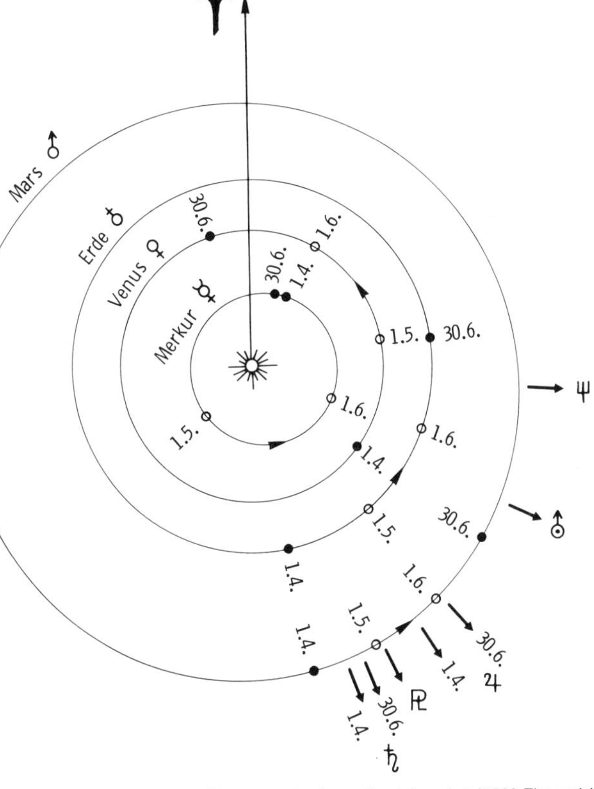

Abb. 34. Das innere Planetensystem im zweiten Jahresviertel 1982. Eingezeichnet sind die Positionen der Planeten für den 1. April, 1. Mai sowie für den 1. und 30. Juni. Die Pfeile deuten die Richtung zu den fernen Planeten sowie zum Frühlingspunkt an.

Jupitermonde im April

Dat.	*MEZ*	*Mond*	*Vorg.*
1.	1.53	II	VA
2.	22.35	II	SE
	23.34	II	DE
6.	3.11	I	VA
	23.00	III	SA
7.	0.31	I	SA
	0.58	I	DA
	1.03	III	DA
	1.15	III	SE
	2.41	I	SE
	2.48	III	DE
	3.06	I	DE
	21.39	I	VA
8.	0.14	I	BE
	4.28	II	VA
	21.09	I	SE
	21.33	I	DE
9.	22.42	II	SA
	23.31	II	DA
10.	1.08	II	SE
	1.50	II	DE
11.	20.50	II	BE
14.	2.25	I	SA
	2.43	I	DA
	2.58	III	SA
	4.21	III	DA
	4.35	I	SE
	23.33	I	VA
15.	1.58	I	BE
	20.53	I	SA
	21.09	I	DA
	23.03	I	SE
	23.17	I	DE
17.	1.16	II	SA
	1.45	II	DA
	3.42	II	SE
	4.04	II	DE
18.	23.06	II	BE
21.	4.19	I	SA
	4.26	I	DA
22.	1.27	I	VA
	3.42	I	BE
	22.47	I	SA
	22.52	I	DA
23.	0.57	I	SE
	1.01	I	DE
	22.08	I	BE
24.	3.50	II	SA
	3.59	II	DA
	20.50	III	VA
	23.06	III	VE
25.	22.57	II	VA
26.	1.24	II	VE
29.	3.17	I	BA
30.	0.36	I	DA
	0.41	I	SA
	2.45	I	DE
	2.51	I	SE
	21.43	I	BA
	23.59	I	VE

Stellungen der Jupitermonde täglich 24^h00^m MEZ

Tag	West		Ost
1.	31	●	24
2.	32	●	14
3.	21	●	34
4.		●	2134
5.	1	●	234
6.	2	●	314
7.	32	●	4
8.	341	●	2
9.	43	●	1
10.	421	●	.3
11.	4	●	213
12.	41	●	23
13.	42	●	31
14.	432	●	
15.	341	●	2
16.	3	●	241
17.	21	●	34
18.		●	2134
19.	1	●	234
20.	2	●	134
21.	321	●	4
22.	3	●	24
23.	3	●	124
24.	214	●	3
25.	4	●	13
26.	41	●	23
27.	42	●	13
28.	4231	●	
29.	43	●	12
30.	43	●	12

Saturn steht am 9. der Sonne genau gegenüber. Er geht an diesem Tag mit Sonnenuntergang auf und mit Sonnenaufgang unter. Seine Oppositionshelligkeit beträgt $0^m,6$. Dies ist nicht besonders hell, wenn man berücksichtigt, daß Saturn bis $-0^m,3$ hell werden kann, also fast dreimal so hell wie dieses Jahr. Die unterschiedlichen Oppositionshelligkeiten kommen durch verschiedene Ringöffnungen zustande. Blicken wir auf die Ringkante, so ist der Ring im Fernrohr fast unsichtbar, er trägt nichts zur Leuchtkraft bei. Dies war zum Beispiel 1979/80 der Fall. Im Jahre 1987 werden wir die maximale Ringöffnung (27° Nordseite) beobachten können. Der Ring verstärkt dann wesentlich die Helligkeit des Planeten.

In diesem Jahr beträgt die Ringöffnung $10^\circ,9$. Zur Opposition zeigt die abgeplattete Saturnkugel folgende Werte: Äquatordurchmesser: 19",2, Poldurchmesser: 17",2; Ringdurchmesser: 43",3, kleine Achse des Ringes: 8",2.

April

Uranus bewegt sich rückläufig im Skorpion. Mitte des Monats kulminiert er gegen drei Uhr morgens. Dies dürfte die beste Zeit sein, diesen schwachen Planeten zu erjagen.
Neptun im Schützen ist ein Objekt der zweiten Nachthälfte. Am 20. erfolgt sein Aufgang schon um Mitternacht, gegen 3^h verschwindet er in der Morgendämmerung.
Pluto steht am 15. in Opposition zur Sonne. Mit einer Oppositionshelligkeit von $13^m,7$ ist er nur leistungsfähigen Fernrohren zugänglich. Pluto steht in den nördlichen Gebieten der Jungfrau an der Grenze zum Bootes und kulminiert um Mitternacht. Gegenwärtig ist Pluto uns sogar näher als Neptun (Plutodistanz: 4340 Millionen Kilometer, Neptun in Opposition: 4377 Millionen Kilometer).
Pallas kommt am 1. in Opposition zur Sonne. Der $7^m,6$ helle Planetoid steht in einer sternreichen Gegend im Haar der Berenike und kulminiert zu Monatsbeginn um 1^h morgens.
Juno kommt am 30. zum Stillstand und wird anschließend rückläufig.

Periodische Sternschnuppenströme im April

Virginiden (siehe März).
Lyriden (Radiant in der Leier, 7° südwestlich von Wega), ein Sternschnuppenstrom von hoher Geschwindigkeit (um 50 km/s), der hauptsächlich vom 12. bis 24. April zwischen 22^h und 4^h morgens günstig zu beobachten ist. Im Maximum tauchen etwa 15 Meteore pro Stunde auf, darunter auch helle Objekte.

Konstellationen und Ereignisse im April

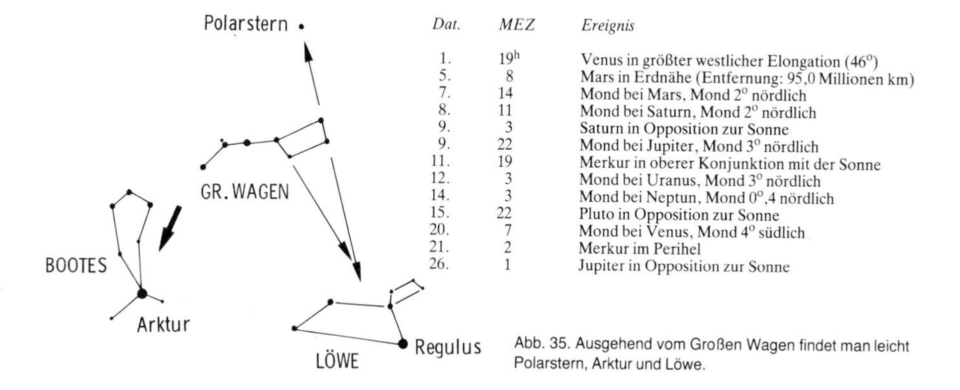

Dat.	*MEZ*	*Ereignis*
1.	19^h	Venus in größter westlicher Elongation (46°)
5.	8	Mars in Erdnähe (Entfernung: 95,0 Millionen km)
7.	14	Mond bei Mars, Mond 2° nördlich
8.	11	Mond bei Saturn, Mond 2° nördlich
9.	3	Saturn in Opposition zur Sonne
9.	22	Mond bei Jupiter, Mond 3° nördlich
11.	19	Merkur in oberer Konjunktion mit der Sonne
12.	3	Mond bei Uranus, Mond 3° nördlich
14.	3	Mond bei Neptun, Mond 0°,4 nördlich
15.	22	Pluto in Opposition zur Sonne
20.	7	Mond bei Venus, Mond 4° südlich
21.	2	Merkur im Perihel
26.	1	Jupiter in Opposition zur Sonne

Abb. 35. Ausgehend vom Großen Wagen findet man leicht Polarstern, Arktur und Löwe.

Der Fixsternhimmel im April

Nun hat sich die Umstellung zum Frühlingsszenario vollzogen. Die Wintersternbilder haben das Feld geräumt. Tief im Westen kann noch der Orion und im Südwesten Sirius erspäht werden. Auch Prokyon im Kleinen Hund und die etwas höheren Zwillinge mit Kastor und Pollux erinnern noch an vergangene Wintertage.
Der Himmelswagen steht hoch über unseren Köpfen, fast im Zenit. Für den Anfänger, der außer dem Wagen überhaupt noch kein Sternbild am Himmel erkannt hat, ist die Situation jetzt besonders günstig, systematisch die anderen Bilder aufzusuchen (siehe auch Abb. 35).

April

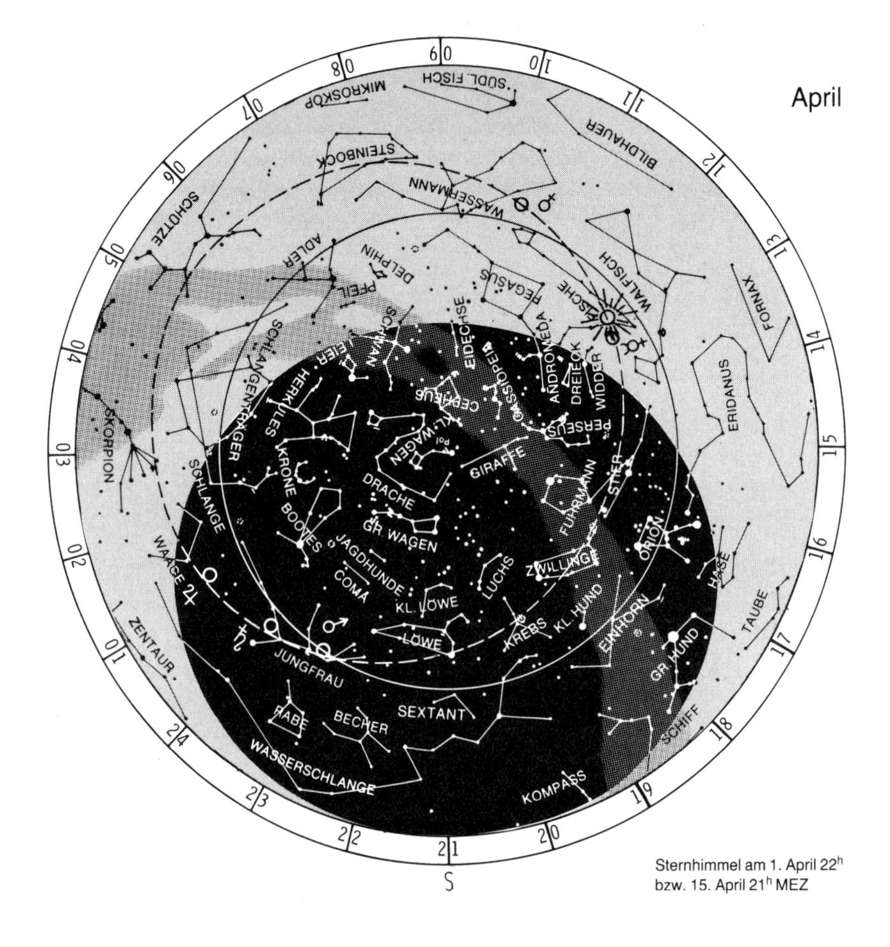

Sternhimmel am 1. April 22^h bzw. 15. April 21^h MEZ

Wie oft erwähnt, dient der Wagen zum Auffinden des Polarsterns – die fünfmalige Verlängerung der Strecke zwischen den beiden Kastensternen des hinteren Wagenendes trifft Polaris.

Verbindet man jeweils zwei Kastensterne miteinander und verlängert sie in der dem Polarstern entgegengesetzten Richtung, so schneiden sich beide Linien etwa im Sternbild Löwe. Der Löwe ist *das* dominierende Frühlingssternbild. Er passiert gerade den Meridian. Hoch im Süden ist jetzt leicht das große Sternentrapez zu erkennen, das den Löwenrumpf darstellen soll. Daran schließt sich in nordwestlicher Richtung ein kleineres Trapez, der mähnenbehangene Kopf dieses königlichen Tieres an. Der Hauptstern des Löwen heißt Regulus (lat.: kleiner König), sein zweithellster Stern Denebola („Schwänzchen des Löwen").

Lassen wir den Blick zurück zum Großen Wagen wandern und folgen dem Bogenschwung der Deichsel, so treffen wir auf einen hellen, orange leuchtenden Stern namens Arktur. Mit Sirius, Kanopus, Toliman, Wega und Kapella gehört Arktur zu den hellsten Fixsternen des Himmels. Arktur heißt soviel wie Bärenhüter oder -wächter. Er ist der hellste Stern im Bild des Bootes („Rinderhirt"). Die drachenähnliche Figur des Bootes ist leicht auszumachen.

April

Den Raum im Südosten nimmt nun die Jungfrau (lat. Virgo) ein. Sie gehört ebenfalls zum Tierkreis. Normalerweise stünde in dieser Gegend nur ein Stern 1. Größenklasse, nämlich die Spica (lat. Kornähre) als Symbol der Fruchtbarkeit. Doch der Anfänger wird total verwirrt. Hat er eben glücklich vom Großen Wagen ausgehend den Löwen und im Anschluß daran Arktur im Bootes einwandfrei identifiziert, so dreht er jetzt vielleicht verzweifelt seine Sternkarte in der Hand. Denn im Südosten scheint es von hellen Sternen zu wimmeln, die nicht in der Sternkarte verzeichnet sind. Was sind das für Gestirne, die nicht im Sternatlas eingetragen sind? Richtig! Planeten, Wandelsterne also! Planeten laufen immer in der Nähe der scheinbaren Sonnenbahn (Ekliptik), die auch durch die Jungfrau zieht. Momentan befinden sich gleich drei helle Planeten in der Jungfrau, nämlich Mars, Saturn und Jupiter (siehe Rubrik Planetenlauf). Sie verändern so den für den versierten Sternfreund gewohnten Anblick von Virgo.
Tief im Nordosten blinkt ein heller Stern im Horizontdunst. Es ist die Wega im Sternbild der Leier, die den kommenden Sommer erahnen läßt. Zieht man in Gedanken von der Wega zu Arktur eine Linie, so geht diese durch zwei lichtschwächere Bilder: Herkules und Nördliche Krone. Die Krone liegt näher beim Bootes: Ein einprägsamer Halbkreis von Sternen mit einem herausragenden, helleren Stern namens Gemma (lat.: Edelstein). Herkules ist ziemlich ausgedehnt. Seine Gestalt zu erkennen, erfordert schon einige Übung.

Veränderliche Sterne im April

Algol-Minima	$2^d20^h57^m$				
β-Lyrae-Minima	11^d10^h	24^d08^h			
δ-Cephei-Maxima	4^d15^h	10^d00^h	15^d09^h	20^d18^h	26^d03^h

Monatsthema

Die aktive Sonne

Wie bei Vulkanen unterscheidet man auch bei der Sonne aktive und ruhige Phasen. Im Unterschied zu Vulkanen, bei denen man in der Regel trotz großer Anstrengungen Ausbrüche nicht vorhersagen kann, folgen auf ruhige Sonnenperioden ziemlich regelmäßig Zeiten hoher Aktivität. Etwa alle 11 Jahre registrieren die Sonnenphysiker ein Sonnenfleckenmaximum. Sonnenflecken sind das auffälligste Merkmal der Sonnenaktivität, zu der auch Materie- und Strahlungsausbrüche (Eruptionen) und gewaltige Explosionen zählen, deren Auswirkungen auf die Erde nicht zu unterschätzen sind, und die auch heute noch nicht restlos erforscht sind.
Früher hielt man es für völlig ausgeschlossen, daß auf einem so „göttlichen" Gestirn wie unserer Sonne häßliche, dunkle Flecken auftreten. Die ersten Beobachter solcher Flecken, Galileo Galilei, David Fabricius und Christoph Scheiner, hatten es schwer, ihre Beobachtungen einer zweifelnden Mitwelt glaubhaft zu machen. Noch heute werden Planetarien und Sternwarten von aufgeregten Zeitgenossen mit Telefonanrufen bombardiert, die meinen, ihre Entdeckung eines Sonnenflecks sei für die Astronomen sensationell und einmalig. Dabei wird unser Tagesgestirn von speziell ausgerüsteten Sonnenobservatorien pausenlos rund um die Uhr genau beobachtet. Alle wesentlichen Vorgänge werden registriert. Röntgen- und kurzwellige Ultraviolettstrahlen unserer Sonne, die nicht durch die irdische Lufthülle dringen, werden von Sonnensatelliten der OSO-Serie (= Orbiting Solar Observatory) beobachtet.
Auch für den Amateurastronomen ist ein Blick zur Sonne stets reizvoll. Man muß dafür

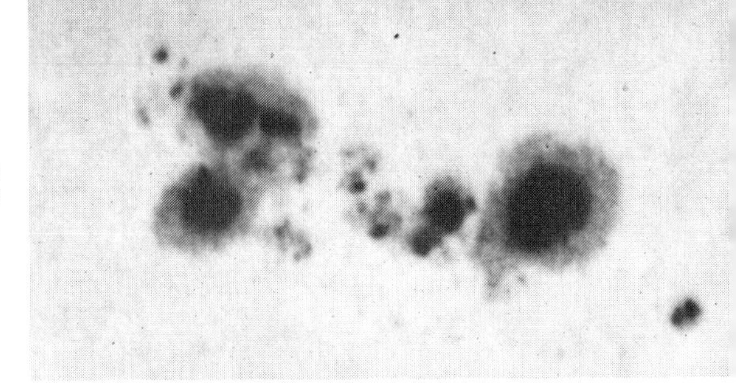

Abb. 36. Bipolare Fleckengruppe auf der Sonne (Aufnahme U. Fritz, Schwäbische Sternwarte Stuttgart).

keine Nachtstunden opfern, was berufstätige Sternfreunde schätzen. Doch Vorsicht! Niemals direkt mit Fernglas oder Teleskop in die Sonne sehen! Die Brennglaswirkung hätte sofortige Erblindung zur Folge. Im Handel gibt es für etliche Fernrohrtypen spezielle Sonnenfilter. Hier gilt: nie zu lange beobachten, Filter erwärmen sich und können platzen. Das bessere Beobachtungsverfahren ist die Projektionsmethode. Sie ist völlig ungefährlich. Hinter dem Okular wird in entsprechendem Abstand ein weißer Schirm angebracht, auf dem das Sonnenbild scharf und klar abgebildet wird. Der Vorteil: Dieses Bild können mehrere Personen gleichzeitig betrachten, während beim Okular immer nur ein Beobachter die Sonne sieht. Außerdem kann man Fleckengruppen gleich zeichnen, indem man mit einem Bleistift einfach die Konturen nachzieht.
Als Maß für die Fleckenhäufigkeit gilt die sogenannte Relativzahl. Sie wurde von Rudolf Wolf (1816 – 1893) von der Eidgenössischen Sternwarte in Zürich eingeführt. Sie wird berechnet: Relativzahl R = 10 x Fleckengruppen + Zahl der Einzelflecken.
In Abb. 38 sind die Jahresmittel der Relativzahlen angegeben. In den Jahren 1957/58 war ein besonders ausgeprägtes Maximum (R über 150!), 1968/69 ein schwaches und flaches Maximum, 1975/76 war die Sonne im Minimum monatelang fleckenlos, während 1978/79 ein steiler Anstieg zu einem neuen Höhepunkt erfolgte. Gegenwärtig nähern wir uns wieder einem Minimum.

Abb. 37. Monatsmittel der Sonnenfleckenrelativzahlen von Januar 1976 bis April 1981.

Abb. 38. (unten). Jahresmittel der Fleckenrelativzahlen von 1960 bis 1980.

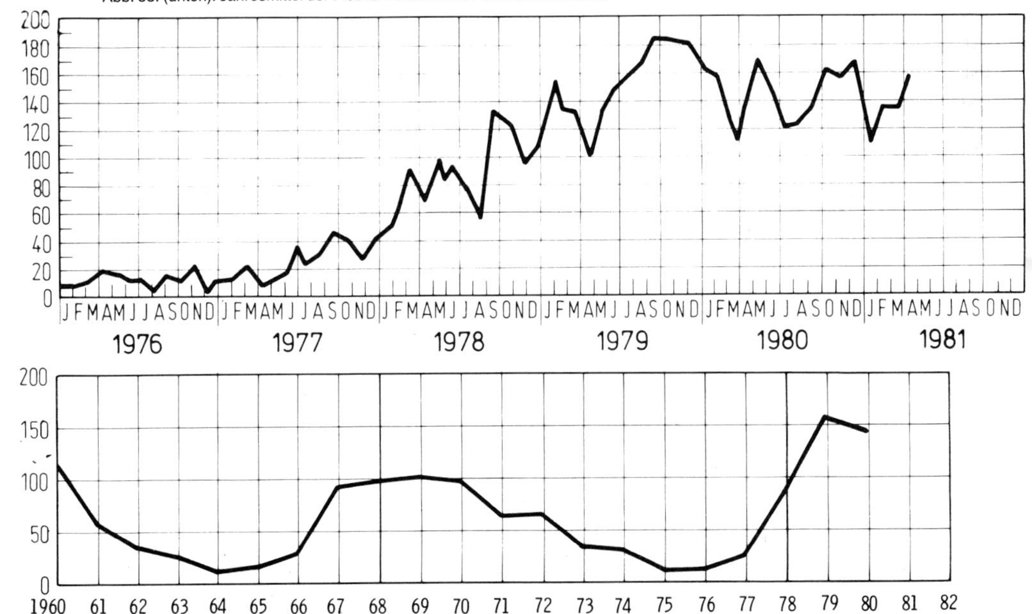

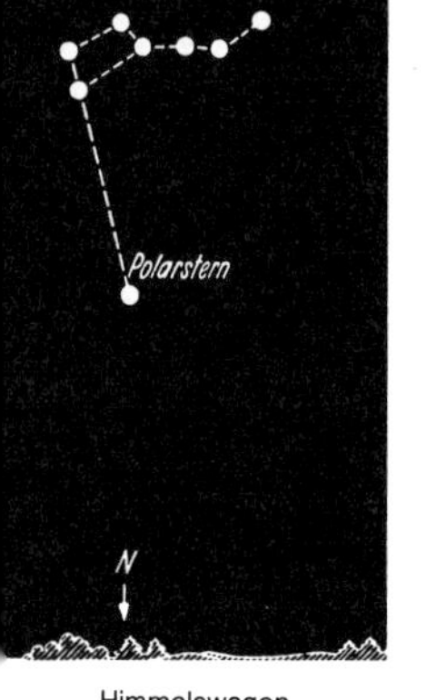

Himmelswagen
Anfang Mai 22h

Mai

Sonnenlauf

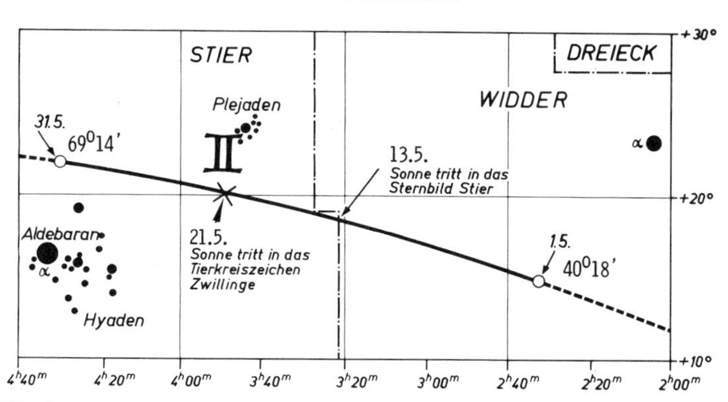

Tages- und Nachtstunden im Mai

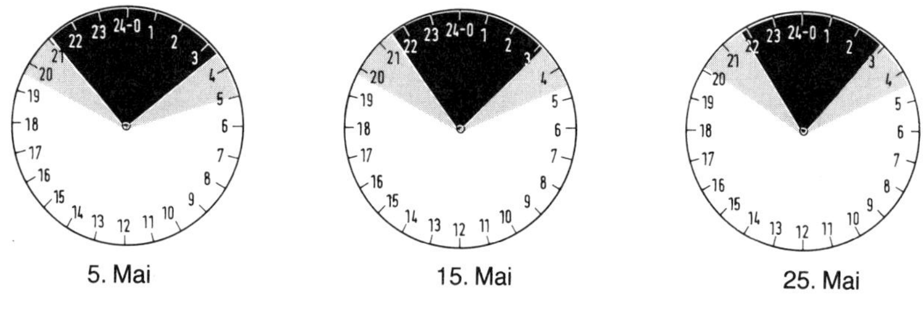

Sonne

Dat.	Aufg.	Unterg.	Kulmin.	Rektas.	Deklin.	Sternzeit
01.	4^h57^m	19^h38^m	12^h17^m	2^h32^m	+14°,9	14^h34^m
06.	4 49	19 45	12 17	2 51	+16 ,4	14 54
11.	4 41	19 53	12 16	3 10	+17 ,7	15 14
16.	4 33	20 00	12 16	3 30	+19 ,0	15 34
21.	4 27	20 07	12 17	3 50	+20 ,1	15 53
26.	4 21	20 13	12 17	4 10	+21 ,0	16 13
31.	4 17	20 19	12 18	4 30	+21 ,8	16 33

Julianisches Datum am 1. Mai, 1^h MEZ: 2 445 090.5

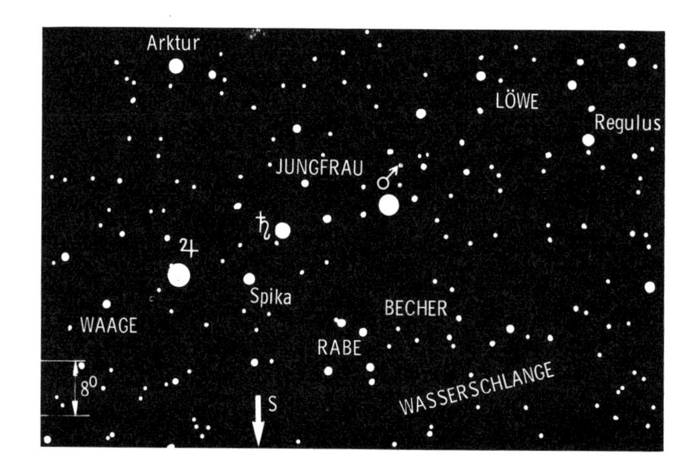

Abb. 39. Himmelsanblick Mitte Mai gegen 22h MEZ.

Mondlauf im Mai

Dat.	Aufg.	Unterg.	Rektas.	Deklin.	Sterne und Sternbilder	Phase	MEZ
Sa 1.	12^h05^m	2^h39^m	9^h20^m	+18°,3	Löwe		
So 2.	13 18	3 09	10 14	+14 ,8	Regulus		
Mo 3.	14 31	3 35	11 06	+10 ,5		Libration West	
Di 4.	15 42	3 57	11 55	+ 5 ,8	Jungfrau		
Mi 5.	16 51	4 18	12 42	+ 0 ,9		Größte Nordbreite	
Do 6.	17 59	4 37	13 29	− 3 ,9	Spika		
Fr 7.	19 06	4 58	14 15	− 8 ,5			
Sa 8.	20 13	5 20	15 02	−12 ,7	Waage	**Vollmond**	1^h46^m
So 9.	21 18	5 46	15 50	−16 ,3	Skorpion		
Mo 10.	22 19	6 16	16 39	−19 ,3	Antares		
Di 11.	23 16	6 51	17 29	−21 ,3	Schlangenträger	Erdferne	
Mi 12.	– –	7 34	18 19	−22 ,5	Schütze	Absteigender Knoten	
Do 13.	0 06	8 24	19 11	−22 ,6			
Fr 14.	0 49	9 21	20 02	−21 ,7			
Sa 15.	1 26	10 24	20 53	−19 ,9	Steinbock		
So 16.	1 56	11 30	21 43	−17 ,1		**Letztes Viertel**	6^h11^m
Mo 17.	2 23	12 40	22 33	−13 ,4	Wassermann		
Di 18.	2 46	13 52	23 22	− 9 ,1		Libration Ost	
Mi 19.	3 08	15 07	0 12	− 4 ,2	Fische	Größte Südbreite	
Do 20.	3 30	16 25	1 03	+ 1 ,1	Walfisch		
Fr 21.	3 54	17 45	1 56	+ 6 ,5	Fische		
Sa 22.	4 21	19 09	2 51	+11 ,7	Widder		
So 23.	4 53	20 32	3 50	+16 ,3	Stier, Hyaden	**Neumond**	5^h40^m
Mo 24.	5 33	21 51	4 51	+19 ,9		Erdnähe	
Di 25.	6 23	23 00	5 56	+22 ,1	Zwillinge		
Mi 26.	7 25	23 56	7 00	+22 ,7	*	Aufsteigender Knoten	
Do 27.	8 36	– –	8 04	+21 ,7	Krebs		
Fr 28.	9 51	0 40	9 04	+19 ,4			
Sa 29.	11 07	1 14	10 01	+15 ,9	Löwe	**Erstes Viertel**	21^h07^m
So 30.	12 21	1 41	10 54	+11 ,7		Libration West	
Mo 31.	13 32	2 04	11 44	+ 7 ,1	Jungfrau		

Planetenlauf im Mai

Merkur ist bis zur Monatsmitte Abendstern. Die größte östliche Elongation (21°) erreicht er am 9. Dann nähert er sich wieder rasch der Sonne, außerdem verliert er an Helligkeit: zu Monatsbeginn noch $-0^m,4$ ist er am 14. nur noch $1^m,1$ hell. Spätestens ab 17. ist Merkur als Beobachtungsobjekt zu streichen. Am 10. findet man Merkur 8° nördlich von Aldebaran. Für Fernrohrbeobachter: Am 4. Mai zeigt Merkur genau Halbphase (Dichotomie); Scheibchendurchmesser: 7''.

Venus bleibt Morgenstern. Ihre Helligkeit nimmt weiter ab und beträgt zum Monatsende $-3^m,5$. Sie wandert durch die Fische und überschreitet am 7. den Himmelsäquator in Richtung Norden. Am 20. steht die Sichel des abnehmenden Mondes 3° südlich der Venus. Venusaufgang am 1.: 3^h42^m, am 31. um 2^h52^m.

Mars beendet am 13. seine Oppositionsschleife. Von diesem Tag an bewegt er sich wieder rückläufig, also in Richtung der Sonnenwanderung durch den Tierkreis. Mit einbrechender Dunkelheit findet man Mars schon im Süden – immer noch als auffallend helles Objekt. Sein Untergang erfolgt jetzt immer früher: verschwindet er zu Monatsbeginn noch um 4^h01^m, so sinkt er am Letzten schom um 1^h59^m unter den Horizont.

Jupiter: Noch ist der König der Planeten dominierendes Gestirn am Nachthimmel, bis er morgens von der strahlenden Venus übertroffen wird. Nach Einbruch der Dunkelheit kulminiert Jupiter schon im Süden. Mars, der etwas westlicher steht, ist etwas schwächer und rötlicher. Am Monatsende geht Jupiter bereits um drei Uhr morgens unter.

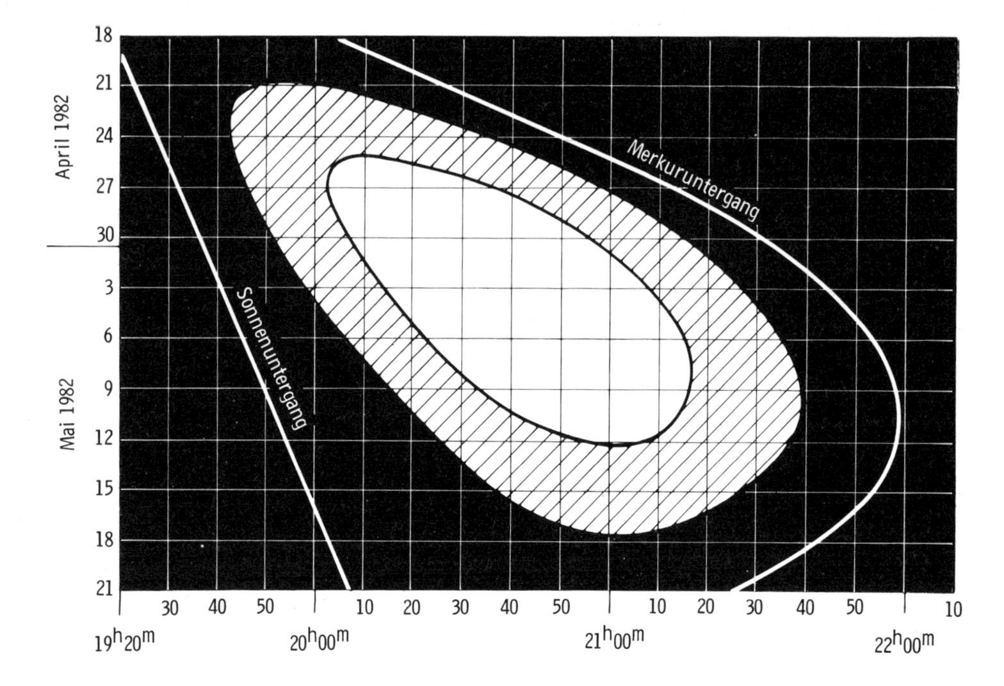

Abb. 40. Sichtbarkeitsdiagramm von Merkur (Erklärung siehe Abb. 17 auf Seite 28).

Abb. 41. Stellung von Merkur über dem Horizont zu Sonnenuntergang (1) und eine Stunde später (2) am Tag der größten Elongation (9. Mai).

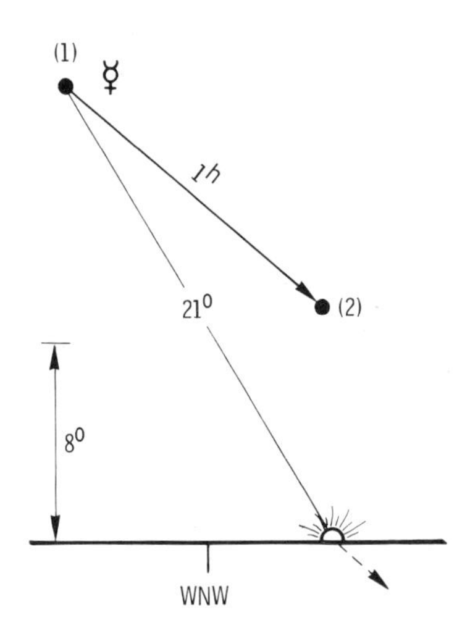

Am 6. passiert der Mond den Riesenplaneten 4° nördlich.

Saturn bewegt sich immer noch rückläufig in der Jungfrau. Seine Helligkeit geht geringfügig um zwei Zehntelklassen auf $0^m,8$ zurück. Nach Einbruch der Dunkelheit steht der Ringplanet schon hoch im Süden. Am 31. geht er bereits um 2^h35^m unter.

Uranus erreicht am 24. Mai seine Oppositionsstellung. Der günstigste Beobachtungstermin ist die Zeit um Mitternacht. Am 1. kulminiert Uranus um 1^h52^m, am 31. um 23^h45^m. Oppositionshelligkeit: $5^m,8$, Durchmesser des Uranusscheibchens 4''. Von Uranus aus gesehen erfolgt am 24. ein Erdtransit, d. h. das Erdscheibchen zieht über die Sonne.

Neptun nähert sich seiner Opposition. Sein Aufgang verlagert sich von 23^h19^m zu Monatsbeginn auf 21^h18^m am Monatsende. Durch die nun früher einsetzende Morgendämmerung wird der günstige Beobachtungszeitraum nur mäßig vergrößert.

Ceres steht am 10. in Opposition zur Sonne. Ihre Helligkeit beträgt $7^m,2$; gegen Monatsmitte kulminiert sie um Mitternacht. Mit einem guten Fernglas sollte man den Planetoiden Nr. 1 im Sternbild Waage leicht entdecken.

Pallas beendet am 22. ihre Oppositionsschleife und wird wieder rechtläufig.

Periodische Sternschnuppenströme im Mai

Zwischen 1. und 8. Mai sind Mai-Aquariden zu erwarten (Ursprung: Halleyscher Komet). Im Maximum am 5. Mai sind etwa 20 Meteore pro Stunde zu zählen, Helligkeiten etwa 3^m bis 4^m. Man beobachte am Morgenhimmel ab 3^h gegen Südosten. Bei diesem Strom handelt es sich um schnelle Objekte (um 65 km/s), der Radiant liegt bei η Aquarii. Ferner leuchten Sternschnuppen der Scorpius-Sagittarius-Ströme auf.

Konstellationen und Ereignisse im Mai

Dat.	*MEZ*	*Ereignis*
4.	6^h	Mond bei Mars, Mond 3° nördlich
5.	14	Mond bei Saturn, Mond 3° nördlich
6.	22	Mond bei Jupiter, Mond 4° nördlich
9.	1	Merkur in größter östlicher Elongation (21°)
9.	8	Mond bei Uranus, Mond 3° nördlich
11.	9	Mond bei Neptun, Mond 0°,3 nördlich
13.	6	Mars im Stillstand, anschließend rechtläufig
19.	18	Venus im Aphel
20.	3	Mond bei Venus, Mond 3° südlich
21.	11	Merkur im Stillstand, anschließend rechtläufig
24.	4	Uranus in Opposition zur Sonne
24.	12	Mond bei Merkur, Mond 3° südlich
31.	15	Mond bei Mars, Mond 5° nördlich

Der Fixsternhimmel im Mai

Der Frühlingshimmel entfaltet nun seine volle Pracht. Wenn auch die Frühlingssternbilder nicht so reich an hellen Sternen sind wie die des Winters, so hat dennoch diese Jahreszeit am Himmel ihre Reize, vor allem, wenn man sich auf schwächere, weniger auffallende Bilder konzentriert.
Der Himmelswagen steht im Meridian, ebenso die Jungfrau. Der Löwe beherrscht den Südwesten. Die Gegend wird durch die drei Planeten Mars, Saturn und Jupiter stark aufgewertet. Gut läßt sich der Verlauf der Ekliptik verfolgen: Regulus im Löwen – der rote Mars – der bleiche Saturn und der weiß glänzende Jupiter, schon im Grenzgebiet zur Waage. Wir haben hier den absteigenden Ast der Ekliptik vor Augen, den die Sonne im Herbst durchwandern wird. Im Mai steht Mars nahe dem Herbstpunkt.
Die östliche Hemisphäre wird nun von Bootes mit dem hellen Arktur, der Nördlichen Krone, Herkules und der noch horizontnahen Wega in der Leier beherrscht. Auch der Schwan im Deneb ist im Nordosten schon auszumachen.
Im Südosten sieht es düster aus. Noch ist der Skorpion nicht aufgegangen, um die Gegend zu beleben. Stattdessen findet man in dieser Region die Waage und den Schlangenträger (lat.: Ophiuchus) mit der Schlange. Von der Schlange ist allerdings nur das Vorderteil (lat.: Serpens Caput) zu sehen, das Ende (Serpens Cauda) dieses ausgedehnten – und durch den

Jupitermonde im Mai

Dat.	*MEZ*	*Mond*	*Vorg.*
1.	21.11	I	DE
	21.20	I	SE
2.	0.24	III	BA
	3.04	III	VE
3.	1.15	II	BA
4.	21.41	II	DE
	22.09	II	SE
7.	2.20	I	DA
	2.36	I	SA
	23.27	I	BA
8.	1.53	I	VE
	20.46	I	DA
	21.04	I	SA
	22.55	I	DE
	23.14	I	SE
11.	21.34	II	DA
	22.18	II	SA
	23.56	II	DE
12.	0.43	II	SE
	21.06	III	SE
15.	1.11	I	BA
	22.31	I	DA
	22.59	I	SA
16.	0.40	I	DE
	1.08	I	SE
	22.16	I	VE
18.	23.50	II	DA
19.	0.53	II	SA
	2.13	II	DE
	22.43	III	DE
	22.51	III	SA
20.	1.04	III	SE
	22.28	II	VE
23.	0.17	I	DA
	0.53	I	SA
	2.25	I	DE
	21.23	I	BA
24.	0.11	I	VE
	21.31	I	SE
26.	2.08	II	DA
27.	0.04	III	DA
	2.08	III	DE
	21.12	II	BA
28.	1.03	II	VE
30.	2.03	I	DA
	23.09	I	BA
31.	2.05	I	VE
	21.16	I	SA
	22.38	I	DE
	23.26	I	SE

Stellungen der Jupitermonde täglich 23^h00^m MEZ

Tag	West		Ost
1.	4213	●	
2.	42	●	13
3.	1	●	423
4.	2	●	134
5.	213	●	4
6.	3	●	124
7.	31	●	24
8.	231	●	4
9.	2	●	134
10.	1	●	423
11.	4	●	13
12.	4213	●	
13.	43	●	21
14.	431	●	2
15.	423	●	
16.	42	●	13
17.	41	●	23
18.	4	●	213
19.	213	●	4
20.	3	●	214
21.	31	●	24
22.	32	●	14
23.	2	●	34
24.	1	●	234
25.		●	2134
26.	21	●	34
27.	3	●	41
28.	341	●	2
29.	432	●	1
30.	421	●	3
31.	41	●	23

Mai

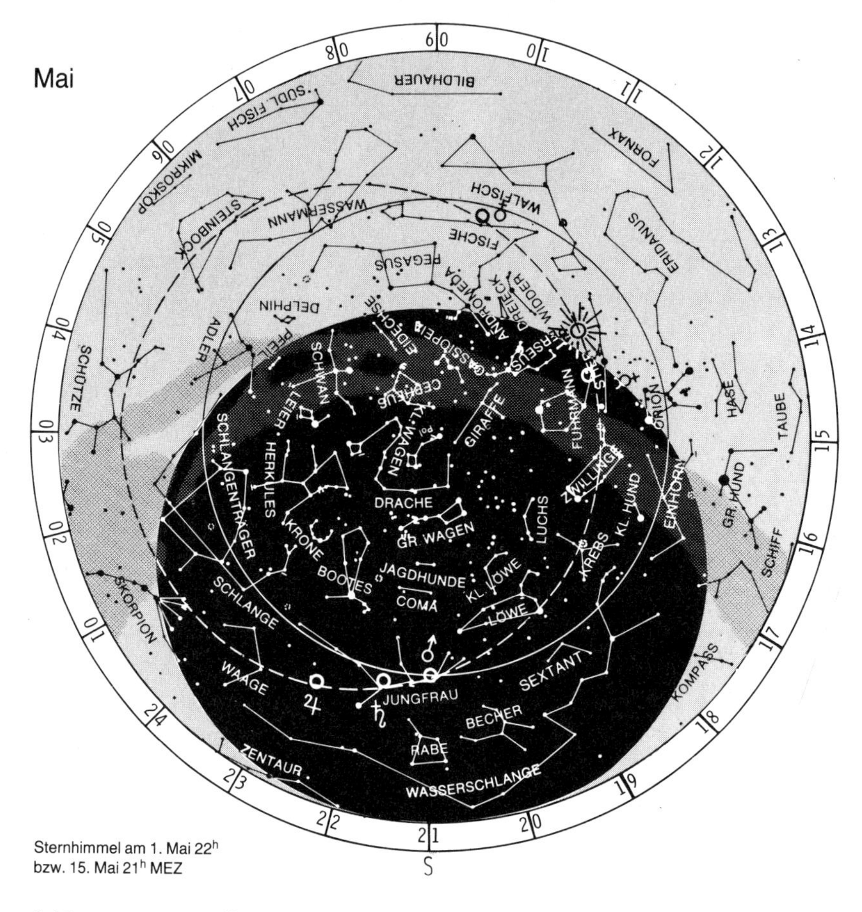

Sternhimmel am 1. Mai 22^h
bzw. 15. Mai 21^h MEZ

Schlangenträger geteilten – Bildes ist noch nicht aufgegangen. Man sollte sich an diesen schwachen Bildern auch einmal versuchen.

Objekte für Feldstecher und Fernrohr: Zu den schon klassischen Doppelsternen gehört Mizar (ζ UMa) mit Alkor, dem Reiterlein. Mizar ist der mittlere der drei Deichselsterne des Großen Wagens. Halbwegs gute Augen sehen in 709'' Abstand – also knapp daneben – ein Sternchen 4. Größe: Mizar mit Alkor wird daher auch „Augenprüfer" genannt. Schon mit einem Zweizöller ist Mizar selbst leicht zu trennen. Die beiden Komponenten sind $2^m,4$ und $4^m,1$ hell, die Distanz beträgt 14'',4. Hat man Mizar und Alkor im Gesichtsfeld, so erkennt man zwischen beiden noch einen weiteren Stern 9. Größe. Mizar/Alkor ist ein optisches Paar, Mizar selbst sogar ein siebenfaches System (spektroskopisch!).

Weitere Objekte für Doppelsternjäger: γ in der Jungfrau, zwei gleich helle F0-Sterne (gelb) mit je $3^m,7$, Distanz: 3'',7 also schon mit 5 cm Öffnung bequem zu trennen; mit 4'',4 Abstand auch problemlos zu schaffen ist γ Leonis (Bruststern des Löwen), zwei orangegelbe Komponenten (A: $2^m,6$ und B: $3^m,8$). Schon mit 7 cm Öffnung bewaffnet sollte sein, wer ε Bootis trennen will. Ein $2^m,7$ heller K0-Stern wird von einem weißen A0-Stern mit $5^m,3$ in 2'',7 Distanz begleitet. Man achte auf den hübschen Farbkontrast.

Bei mondlosem Himmel ist der Kugelhaufen M13 für Feldstecherbesitzer ein willkomme-

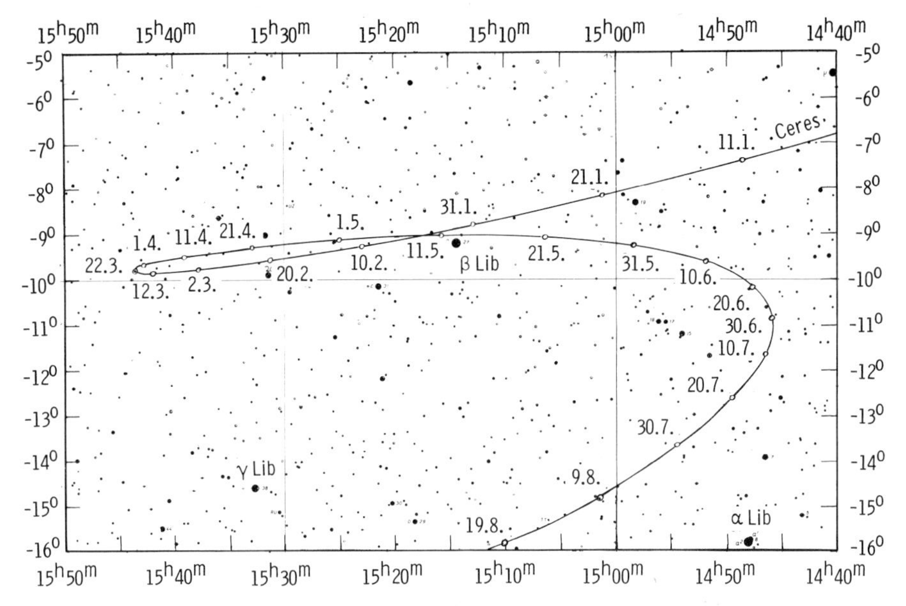

Abb. 42. Bahn des Kleinplaneten Ceres 1982 im Sternbild der Waage.

nes Objekt. Als einer der hellsten Kugelhaufen des Himmels gilt er als Paradebeispiel. Eine Million Sterne leuchten hier in rund 26 000 Lichtjahren Entfernung. Die Randpartien sind schon in kleineren Teleskopen in Einzelsterne auflösbar. Als weitere Kugelhaufen seien M3 in den Jagdhunden und M5 in der Schlange genannt. M5 liegt in einer sternarmen Gegend und ist deshalb gut mit dem Fernglas zu finden.

Auch an dem wunderschönen Spiralnebel M51 in den Jagdhunden kann man sich versuchen. Vorsicht, vor Enttäuschung sei gewarnt, wenn man erwartet, ihn so prachtvoll wie in den Abbildungen vieler Bücher zu sehen. Man sollte sich einfach freuen, wenn man ihn findet und erkennt – als blasses Nebelfleckchen. Die tollen Fotos hingegen wurden mit Großteleskopen gewonnen, die für den Geldbeutel des Sternfreundes immer unerreichbar bleiben.

Veränderliche Sterne im Mai

β-Lyrae-Minima	7^d06^h	20^d05^h				
δ-Cephei-Maxima	1^d11^h	6^d20^h	12^d05^h	17^d14^h	22^d23^h	28^d07^h

Monatsthema

Ein Spaziergang auf dem Mond

Wer hat nicht schon einmal von einem Ausflug zum Mond geträumt? Für den Normalbürger bleibt dies auch im Zeitalter der Raumfahrt ein Traum, „Mondtourismus“ wird es auf absehbare Zeit nicht geben. Aber mit den Augen können wir ungehindert und preiswert über die pockennarbige Oberfläche unseres Nachbarn im Weltall wandern. Es genügt hierfür schon ein gutes Fernglas, besser jedoch ein kleines Fernrohr.

Auch der noch ungeübte Beobachter sieht zahlreiche Details: dunkle Gebiete, Ringwälle und Krater, helle Strahlen, langgestreckte Gebirgszüge. Die ersten Fernrohrbeobachter waren der Meinung, die dunklen Gebiete seien Meere (lat. Maria, Einzahl: Mare), die

Abb. 43. Der Vollmond mit seinen hellen und dunklen Gebieten.

Abb. 44. Zunehmender Halbmond im umkehrenden Fernrohr (Norden ist unten, „astronomisch" Westen links). Aufnahme mit dem 2m-Schmid-Teleskop des Karl-Schwarzschild-Observatoriums bei Jena am 11. Februar 1962.

hellen Flächen Landgebiete (lat. Terrae). Heute wissen wir, daß auf dem Mond weder Wasser noch Luft vorkommt. Trotzdem sprechen wir immer noch von Mondmeeren; die teilweise phantasievollen Bezeichnungen sind uns erhalten geblieben wie Mare Imbrium – das Regenmeer, Oceanus Procellarum – der Ozean der Stürme oder Mare Serenitatis – das Meer der Heiterkeit. Die Ringwälle und Krater tragen Namen berühmter Philosophen und Gelehrter (Plato, Aristarch, Tycho, Kopernikus etc.).

Der Laie meint oft, die günstigsten Beobachtungsmöglichkeiten biete der Vollmond. Dem ist nicht so. Bei Halbmond sieht man mehr: An der Grenze zwischen hellem und unbeleuchtetem Teil (dem sogenannten Terminator) werfen die Mondberge wegen des tiefen Sonnenstandes lange Schlagschatten. Selbst kleine Bodenunebenheiten treten deutlich hervor. Es kann sehr reizvoll sein, das Auftauchen eines Zentralberges in einem Krater aus der Schwärze der Mondnacht zu beobachten.

Auf alle Fälle benutze man eine gute Mondkarte (z. B. WIDMANN-SCHÜTTE, „Welcher Stern ist das?" oder den Kosmos-Sternführer). Bei der Orientierung muß man allerdings aufpassen. Zunächst, welches optische Hilfsmittel benutzt man? Feldstecher und kleine, terrestrische Fernrohre zeigen die Bilder aufrecht und seitenrichtig. Verwendet man ein Zenitprisma, so stehen die Bilder auf dem Kopf. Bei astronomischen Teleskopen sind die Bilder immer umgedreht, Norden ist unten, Süden oben; rechts und links sind miteinander vertauscht. Dann gilt es, die Himmelsrichtungen zu beachten: Bei Norden und Süden gibt es keine Zweifel; der Mondnordpol ist immer „oben", sowohl auf der Karte als auch am Himmel (Mondscheibe mit freiem Auge von der Nordhalbkugel aus betrachtet).

Bei Ost und West gibt es jedoch zwei Bezeichnungsweisen: die astronomische und die astronautische. Bei der astronomischen wird diejenige Mondhälfte als westliche bezeichnet, die für den irdischen Beobachter nach Westen gerichtet ist; bei zunehmendem Mond also die beleuchtete Seite. Die astronautische Orientierung erfolgt so, daß für Astronauten auf dem Mond die Sonne im Osten aufgeht. Bei astronautischen Mondkarten ist Ost und West gegenüber der astronomischen (und jahrhundertelang gebrauchten) Orientierung vertauscht. Ein Tip: Das Mare Frigoris (Kältemeer) liegt im Norden, das Mare Crisium im (astronomisch) Westen und der Oceanus Procellarum auf der östlichen Hemisphäre des Mondes.

Der Mond bleibt immer ein dankbares Beobachtungsobjekt für den Fernrohrbeobachter. Selbst bei nicht vollständig klarem Himmel kann manches noch zwischen Wolkenlücken hindurch erspäht werden.

Sonnenlauf

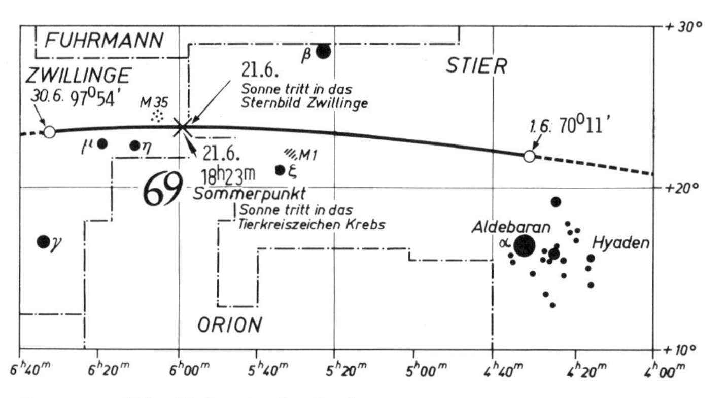

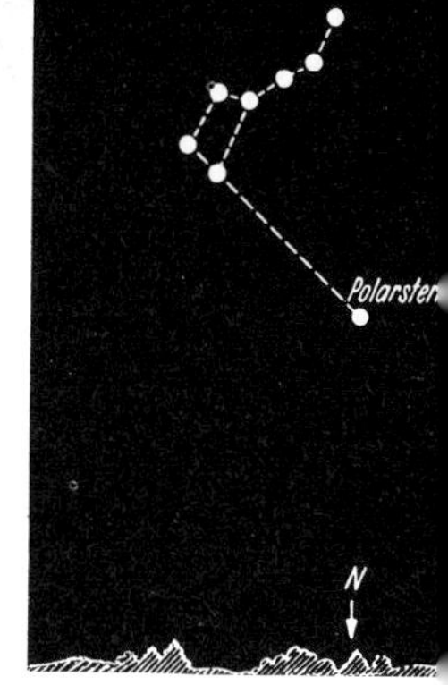

Himmelswagen
Anfang Juni 22^h

Tages- und Nachtstunden im Juni

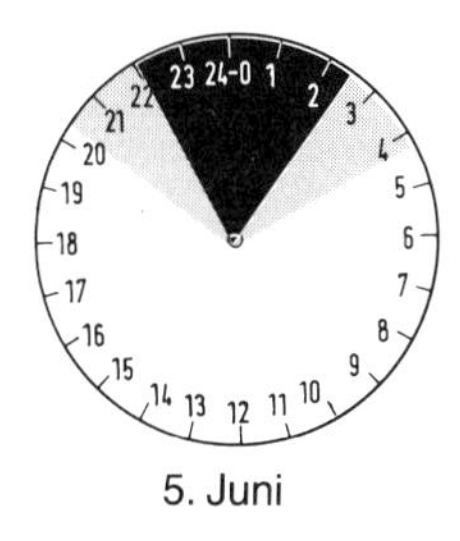

5. Juni

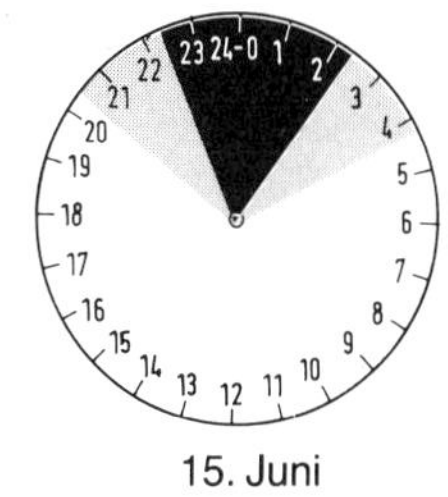

15. Juni

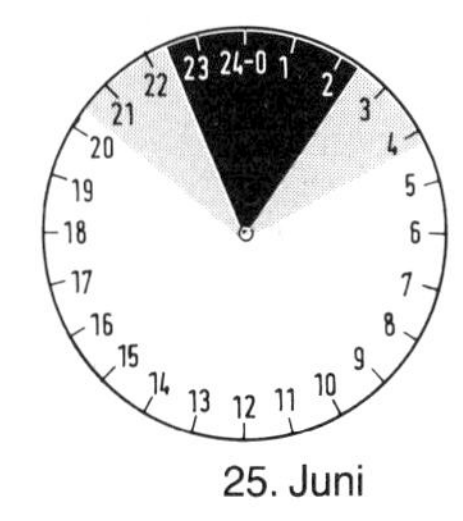

25. Juni

Sonne

Dat.	*Aufg.*	*Unterg.*	*Kulmin.*	*Rektas.*	*Deklin.*	*Sternzeit*
05.	4^h13^m	20^h24^m	12^h18^m	4^h51^m	+22°,5	16^h52^m
10.	4 11	20 28	12 19	5 11	+23 ,0	17 12
15.	4 10	20 31	12 20	5 32	+23 ,3	17 32
20.	4 10	20 32	12 21	5 53	+23 ,4	17 52
25.	4 12	20 33	12 23	6 14	+23 ,4	18 11
30.	4 14	20 33	12 24	6 34	+23 ,2	18 31

Julianisches Datum am 1. Juni, 1^h MEZ: 2 445 121.5

Abb. 45. Mond und Venus am 19. 6. gegen 3^h30^m MEZ.

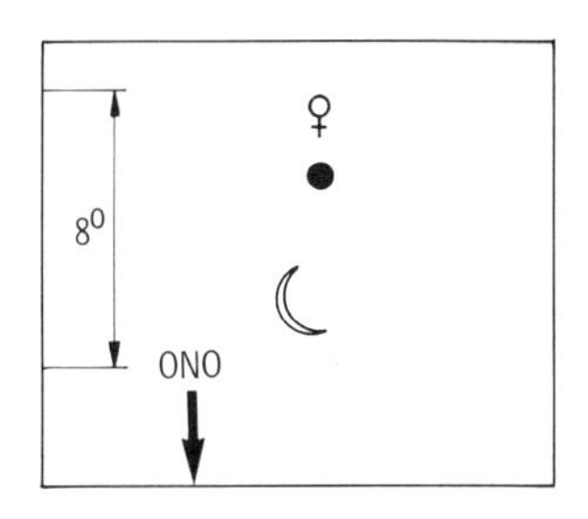

Abb. 46. Himmelsanblick am 28. und 29. 6. gegen 22^h40^m MEZ.

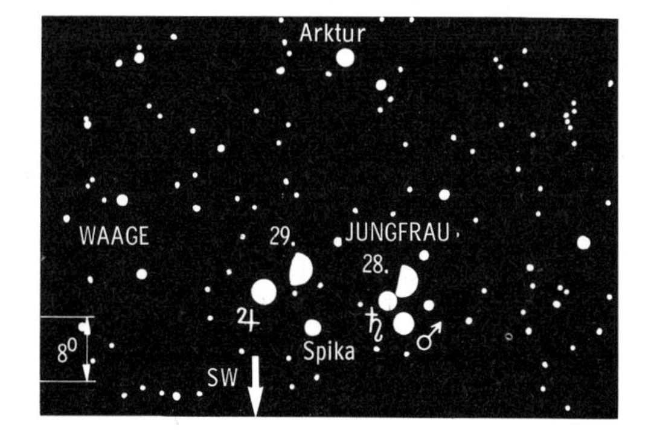

Juni

Mondlauf im Juni

Dat.	*Aufg.*	*Unterg.*	*Rektas.*	*Deklin.*	*Sterne und Sternbilder*	*Phase*	*MEZ*
Di 1.	14^h42^m	2^h25^m	12^h32^m	+ 2°,2	Jungfrau	Größte Nordbreite	
Mi 2.	15 50	2 45	13 18	− 2 ,7	Spika		
Do 3.	16 57	3 04	14 04	− 7 ,3			
Fr 4.	18 03	3 26	14 50	−11 ,6	Waage		
Sa 5.	19 09	3 50	15 37	−15 ,4			
So 6.	20 11	4 17	16 26	−18 ,6	Skorpion, Antares	**Vollmond**	16^h59^m
Mo 7.	21 10	4 51	17 15	−20 ,9	Schlangenträger		
Di 8.	22 03	5 31	18 06	−22 ,3	Schütze	Erdferne	
Mi 9.	22 49	6 18	18 57	−22 ,8		Absteigender Knoten	
Do 10.	23 27	7 13	19 48	−22 ,2			
Fr 11.	23 59	8 13	20 39	−20 ,6	Steinbock		
Sa 12.	– –	9 18	21 29	−18 ,1			
So 13.	0 27	10 26	22 18	−14 ,7	Wassermann		
Mo 14.	0 50	11 35	23 07	−10 ,6		**Letztes Viertel**	19^h06^m
Di 15.	1 12	12 47	23 55	− 6 ,0	*Fische	Libration Ost	
Mi 16.	1 33	14 01	0 44	− 1 ,0	Walfisch	Größte Südbreite	
Do 17.	1 55	15 18	1 35	+ 4 ,3	Fische		
Fr 18.	2 19	16 38	2 27	+ 9 ,5	Widder		
Sa 19.	2 47	18 00	3 24	+14 ,3	Stier, Plejaden		
So 20.	3 22	19 22	4 23	+18 ,4	Aldebaran		
Mo 21.	4 07	20 38	5 27	+21 ,3		**Neumond** Erdnähe/Partielle Sonnenfinsternis	12^h52^m
Di 22.	5 04	21 43	6 32	+22 ,7	Zwillinge	Aufsteigender Knoten	
Mi 23.	6 12	22 34	7 38	+22 ,4	Kastor, Pollux		
Do 24.	7 29	23 13	8 42	+20 ,5	Krebs, Krippe		
Fr 25.	8 48	23 44	9 42	+17 ,3	Löwe		
Sa 26.	10 05	– –	10 38	+13 ,2	Regulus	Libration West	
So 27.	11 20	0 09	11 30	+ 8 ,5			
Mo 28.	12 31	0 31	12 19	+ 3 ,6	Jungfrau	**Erstes Viertel** Größte Nordbreite	6^h56^m
Di 29.	13 41	0 51	13 07	− 1 ,4	Spika		
Mi 30.	14 48	1 11	13 53	− 6 ,1			

Planetenlauf im Juni

Merkur steht am 1. in unterer Konjunktion mit der Sonne. Seine größte westliche Elongation (22°) erreicht er schon am 26. Zu einer Morgensichtbarkeit kommt es leider nicht, denn er geht zwar am 26. schon um 3^h09^m auf, also über eine Stunde vor der Sonne (4^h12^m), allein die früheinsetzende Morgendämmerung hat den Himmel schon zu sehr aufgehellt, um Merkur noch sichtbar werden zu lassen.

Venus bewegt sich durch Widder und Stier und erreicht immer höhere Deklinationen. Dadurch verfrüht sich ihr Aufgang vom Monatsbeginn (2^h51^m) bis zum Monatsletzten (2^h19^m), obwohl ihr Abstand zur Sonne immer kleiner wird. Der beleuchtete Teil des Venusscheibchens wächst, sie wird „runder“, wegen der wachsenden Entfernung nimmt der Durchmesser jedoch ab (am Monatsende nur noch knapp 13”).

Mars zieht sich vom Morgenhimmel zurück; Ende Juni geht er kurz nach Mitternacht unter, berücksichtigt man die Sommerzeit, eine Stunde nach Mitternacht. Er ist jetzt Objekt der ersten Nachthälfte. Obwohl seine Helligkeit weiter zurückgeht ($0^m,4$), ist er in der spät einsetzenden Abenddämmerung immer noch ein Glanzpunkt am südwestlichen Himmel.

Jupiter zieht sich langsam vom Morgenhimmel zurück und wird Objekt der ersten Nachthälfte. Geht er am Monatsanfang noch um 2^h54^m unter, so verschwindet er am Ende schon um 0^h57^m. Am 28. beendet der Riesenplanet seine Oppositionsschleife und wird wieder rechtläufig. Am 2. ist Jupiter 4° südlich vom Mond zu finden.

Saturn wird am 19. stationär und läuft anschließend wieder in Richtung der Sonnenbewegung auf Spika zu. Wenn die jetzt spät hereinbrechende Nacht den Ringplaneten sichtbar werden läßt, hat er bereits den Meridian durchschritten. Der Untergang erfolgt am 1. um 2^h31^m, am 30. schon um 0^h36^m.
Uranus hat in der spät einsetzenden Dunkelheit seine Höchststellung im Süden schon eingenommen; die Höhe ist jedoch nicht überwältigend, wenn man bedenkt, daß der Skorpion bei uns stets tief im Süden kulminiert.
Neptun steht am 17. in Opposition zur Sonne. Das bedeutet „günstigste" Sichtbarkeitsperiode. Doch „günstig" ist hier zu relativieren. Mit $7^m,7$ Oppositionshelligkeit und $-22°$ Deklination bleibt Neptun im Gebiet Schütze/Schlangenträger ein schwieriges Objekt, zumal es nun im Juni kaum richtig dunkel wird. Zwar geht dieser ferne Planet um die Oppositionstage schon gegen acht Uhr abends auf, ist aber bestenfalls ab halb elf Uhr nachts beobachtbar. Im Fernrohr zeigt Neptun, ähnlich wie Uranus, ein kleines grünliches Scheibchen mit 2",3 Durchmesser.
Juno sei diesmal erwähnt, da sie am 24. in Gegenschein zur Sonne steht. Sie kulminiert kurz nach Mitternacht. Der $10^m,2$ helle Planetoid bewegt sich im Sternbild Schlangenträger. Um ihn zu finden, sollte man schon ein Fernrohr mit mindestens 8 cm freier Öffnung benutzen.
Vesta bleibt am 29. stehen und wird rückläufig. Ihre Oppositionsperiode beginnt somit.

Periodische Sternschnuppenströme im Juni

Seit 1966 werden die Juni-Lyriden (10.–20. Juni) beobachtet. Der Radiant liegt in der Leier. Der Ursprung ist noch unbekannt, es fehlen noch statistische Daten. Hier bietet sich eine lohnenswerte Beobachtungsaufgabe für Amateurastronomen!

Abb. 47. Bahn des Planeten Uranus 1982 im Sternbild Skorpion. Die Zahlen geben die Positionen am jeweiligen Monatsersten an.

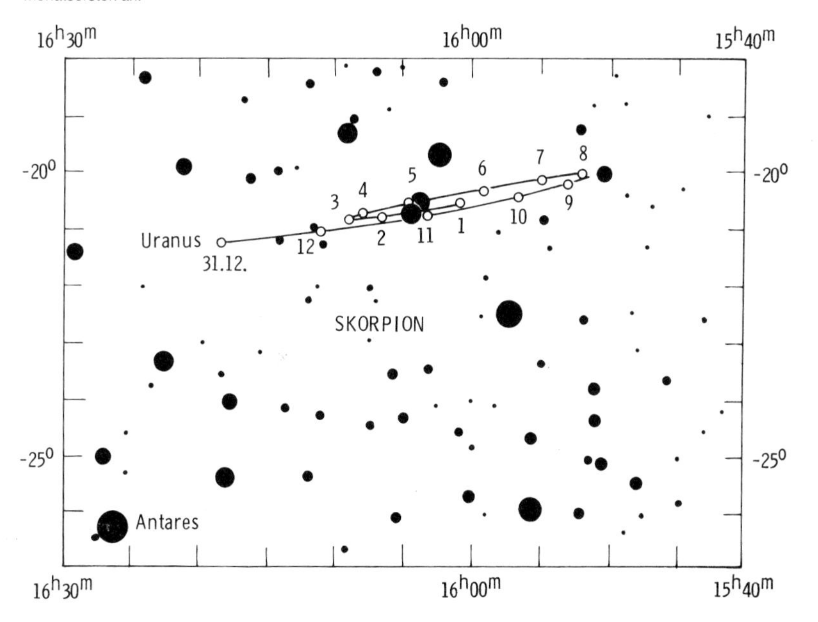

Stellungen der Jupitermonde täglich 23^h00^m MEZ			
1.	4	●	123
2.	421	●	3
3.	432	●	1
4.	314	●	2
5.	32	●	14
6.	21	●	34
7.		●	234
8.		●	1234
9.	21	●	34
10.	32	●	14
11.	31	●	24
12.	32	●	14
13.	214	●	3
14.	4	●	123
15.	4	●	23
16.	421	●	3
17.	432	●	1
18.	431	●	2
19.	43	●	1
20.	4213	●	
21.	4	●	213
22.	1	●	243
23.	21	●	34
24.	23	●	14
25.	31	●	24
26.	3	●	214
27.	213	●	4
28.		●	134
29.	1	●	423
30.	42	●	3

Jupitermonde im Juni

Dat.	*MEZ*	*Mond*	*Vorg.*
3.	23.32	II	BA
5.	21.47	II	SE
6.	22.56	III	VE
7.	0.56	I	BA
	22.17	I	DA
	23.11	I	SA
8.	0.26	I	DE
	1.20	I	SE
	22.29	I	VE
12.	21.59	II	SA
	22.25	II	DE
13.	0.23	II	SE
	22.53	III	BE
14.	0.41	III	VA
15.	0.06	I	DA
	1.06	I	SA
	21.12	I	BA
16.	0.24	I	VE
	21.43	I	SE
19.	22.24	II	DA
20.	0.35	II	SA
	0.51	II	DE
21.	0.14	III	BA
	22.06	II	VE
22.	23.02	I	BA
23.	21.29	I	SA
	22.32	I	DE
	23.38	I	SE
30.	22.14	I	DA
	23.24	I	SA

Konstellationen und Ereignisse im Juni

Dat.	*MEZ*	*Ereignis*
1.	17^h	Mond bei Saturn, Mond 3° nördlich
1.	21	Merkur in unterer Konjunktion mit der Sonne
2.	22	Mond bei Jupiter, Mond 4° nördlich
4.	1	Merkur im Aphel
5.	12	Mond bei Uranus, Mond 3° nördlich
7.	14	Mond bei Neptun, Mond $0^\circ,3$ nördlich
13.	22	Merkur im Stillstand, anschließend rechtläufig
17.	6	Neptun in Opposition zur Sonne
19.	0	Mond bei Venus, Mond 2° südlich
19.	13	Saturn im Stillstand, anschließend rechtläufig
20.	3	Mond bei Merkur, Mond $1^\circ,1$ nördlich
21.	—	Partielle Sonnenfinsternis, in Mitteleuropa unbeobachtbar
21.	18^h23^m	Sonne im Sommerpunkt, Sonnenwende
26.	15	Merkur in größter westlicher Elongation (22°)
28.	9	Jupiter im Stillstand, anschließend rechtläufig
28.	13	Mond bei Mars, Mond 6° nördlich
28.	22	Mond bei Saturn, Mond 3° nördlich
30.	2	Mond bei Jupiter, Mond 4° nördlich

Der Fixsternhimmel im Juni

Noch hat sich die Umstellung zum Sommerhimmel nicht vollzogen. Nach Einbruch der Dunkelheit – die jetzt erst spät einsetzt – steht Bootes mit dem kräftig leuchtenden Arktur unübersehbar hoch im Süden. Der Ochsentreiber oder Rinderhirt beherrscht die Himmelsszene.

Der Himmelswagen hat den Meridian längst durchschritten und befindet sich im Abstieg. Ihm gegenüber findet man das Himmels-W (Kassiopeia) nahe am Horizont. Kassiopeia und Wagen sind bei uns zirkumpolar, d. h. sie gehen niemals unter. Der westliche Teil des Firmaments wird noch von den Frühlingssternbildern geprägt, allen voran vom Löwen. Sein großes Sternentrapez steht schräg zum Horizont, so als ob sich diese Raubkatze auf eine imaginäre Beute stürzen wollte. Das Feld im Südwesten gehört der Jungfrau. Noch immer stehen hier die Planeten Mars, Saturn und Jupiter und ziehen die Blicke auf sich.

In der östlichen Himmelshälfte kündigt sich die heiße Jahreszeit an: das Sommerdreieck ist voll aufgegangen. Es setzt sich aus folgenden drei Sternen zusammen: Wega in der Leier, Deneb im Schwan und Atair im Adler. Auf der Linie Arktur – Wega findet man die Krone und den Herkules, beide wegen ihrer Hochstellung gut und leicht zu beobachten. Südlich des Herkules dehnt sich der Schlangenträger mit der Schlange aus, die nun ebenfalls vollständig aufgegangen ist. Tief im Südosten schleppt sich gerade der Skorpion über die Horizontlinie. Böse scheint sein tiefroter Hauptstern Antares („der Marsähnliche") zu funkeln.

Wer im Gebirge bei guter Luft beobachtet, kann, allerdings noch horizontnahe, den sommerlichen Teil der Milchstraße erspähen. Ihr Lichtband zieht sich vom Südosten durch die Sternbilder Adler – Schwan – Kassiopeia – Fuhrmann nach Nordwesten.

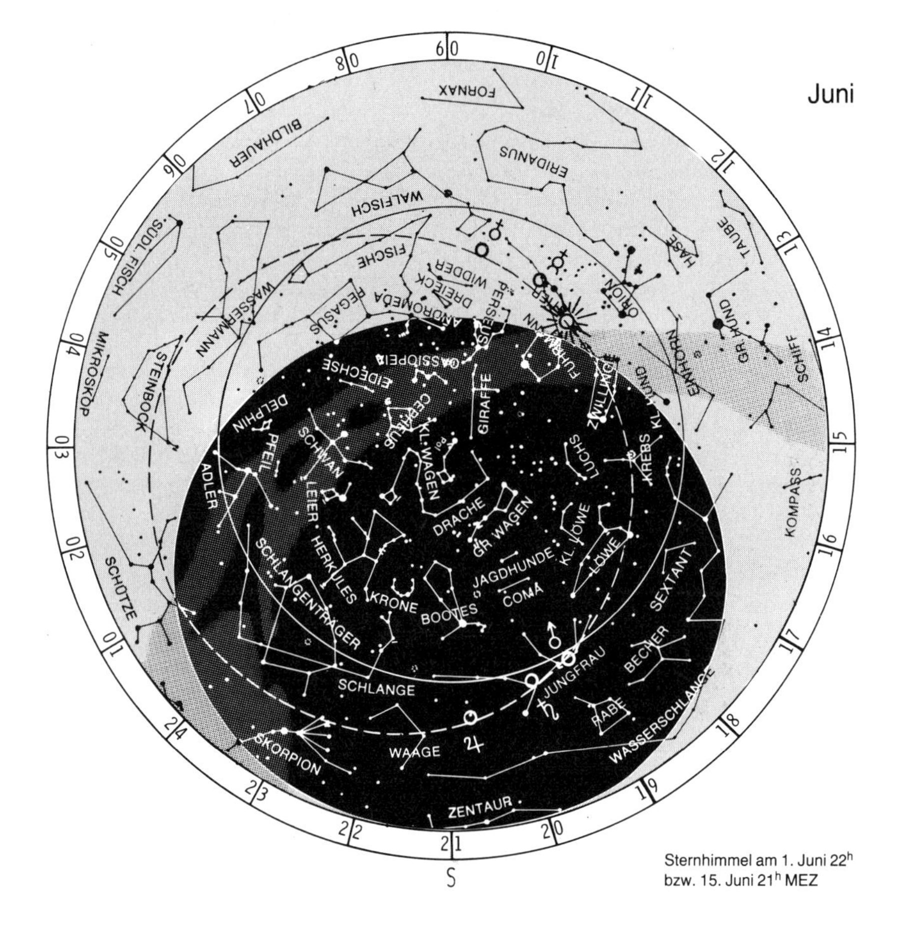

Sternhimmel am 1. Juni 22^h bzw. 15. Juni 21^h MEZ

Aus der Sagenwelt der Sternbilder: Der Bootes

Bei fast allen Völkern wird das Sternbild Bootes mit den sieben Sternen des Großen Wagens in Verbindung gebracht. Dies wird verständlich, wenn man einmal mit den Augen – dem Schwung der Wagendeichsel folgend – auf den hellen Arktur gestoßen ist, der als einer der ersten Sterne in der Abenddämmerung sichtbar wird. Oftmals ist auch die Bezeichnung vom ganzen Sternbild auf Arktur übergegangen.

βοώτης (griech.) heißt Ochsentreiber oder Rinderhirt. In der klassischen Vorstellung treibt er die sieben Dreschochsen um den Göpel, also die sieben Wagensterne (Septemtriones) um den Polarstern. Einer anderen Version nach kommt die Bezeichnung vom griechischen Wort βοητης, der Brüller oder Schreier. Der Bootes wird als Führer der Jagdhunde angesehen, ein Sternbild knapp südlich des Wagens. Sein Schreien soll die Jagdhunde anfeuern, sich auf den Großen Bären zu stürzen. Diese Vermutung wurde von Hevelius geäußert.

Bei den Arabern war der Bootes ein Schafhirte, die Herde bildeten die Sterne des Herkules und Ophiuchus (Schlangenträger). Einer anderen alten arabischen Quelle zufolge gehörten die Sterne des Bootes zu einem riesigen Löwen (Asad), der fast ein Drittel des Himmels

einnahm. Arktur und Spika stellen die Schienbeine dar, Regulus die Stirn. Kleiner Wagen, Zwillinge und Rabe gehörten ebenfalls zu diesem Riesenvieh.
Aratos bezeichnet das Bild mit τρυγητής (griech. Winzer, Weinleser). Die Bezeichnung ist später auf ε Vir = Vindemiatrix übergegangen. Auch Philomelus rückt den Bootes in die Nähe der Jungfrau und nennt ihn Virgo Ceres, Sohn der Jungfrau.
In der nordischen Sagenwelt sind hier drei schwedische Kronen zu erkennen. Die frühen Christen sahen in diesem Bild den Heiligen Sylvester. In unseren Tagen sprechen Amerikaner respektlos von „der Eistüte".
Der gelbrote Hauptstern des Bootes heißt Arktur (lat. Arcturus), was soviel wie Bärenwächter oder Bärenführer bedeutet. Die Araber nannten ihn Al Haris al Sama, den Wächter des Himmels. Bei den Indern hat er eine Reihe von Bedeutungen erlangt: Svati, der gute Läufer, dann wieder Nishtya, der Ausgestoßene oder Verbannte. Gemeint ist hier der Ausschluß aus dem Tierkreis. Gelegentlich wird Arktur in Indien schlicht mit einem rotfunkelnden Edelstein verglichen.
Am 5. Oktober 1858 passierte der Kern des sehr hellen Kometen Donati Arktur in nur 20' Distanz – ein hübscher Anblick, den uns unser Jahrhundert noch nicht geboten hat.

Veränderliche Sterne im Juni

Algol-Minima	$25^d00^h37^m$					
β-Lyrae-Minima	2^d03^h	15^d02^h	28^d00^h			
δ-Cephei-Maxima	2^d16^h	8^d01^h	13^d10^h	18^d19^h	24^d03^h	29^d12^h

Monatsthema

Der Himmel über fernen Ländern

Der Himmelsanblick ist nicht nur abhängig von der Uhrzeit und dem Datum, sondern auch vom Standpunkt des Beobachters auf der Erdoberfläche. So gibt es eine Himmelszone, die in Mitteleuropa nie gesehen werden kann. Teile des Südsternhimmels bleiben uns verborgen. Aber im Zeitalter der Fernreisen mag mancher Tourist einmal unter dem Kreuz des Südens stehen. Daher ein paar Bemerkungen zum Sternhimmel anderer Breiten.
Bewegen wir uns in West-Ost-Richtung auf der Erde, ändern also nur die geographische Länge und behalten die geographische Breite bei, so bleibt der Himmelsanblick gleich – wir müssen nur die Uhrzeit berücksichtigen: Der Beobachter, der 15° westlich von uns steht, sieht die gleiche Sternstellung eine Stunde später, während der Beobachter 15° östlich von uns alles eine Stunde früher erlebt – eine Folge der Erdrotation.
Welche Sterne überhaupt zu sehen sind, hängt von der geographischen Breite ab. Abb. 48 soll dies verdeutlichen. Gehen wir von einer mittleren geographischen Breite, nämlich 50° Nord aus. Für diese Breite sind auch die Monatssternkarten im Himmelsjahr gezeichnet. Der Himmelsnordpol (Polarstern!) steht dann 50° über dem Nordpunkt am Horizont. Die Höhe des Polarsterns über dem Horizont entspricht immer der geographischen Breite φ. Der Himmelsäquator schneidet den Meridian in einem Punkt, der $90°-\varphi$ über dem Horizont liegt. Für den Beobachter gehen in der Breite φ also nur Sterne auf, die mindestens die Deklination $\delta = \varphi - 90°$ haben, also in 50° Nord sehen wir nur Sterne von $\delta = +90°$ (Nordpol) bis $\delta = -40°$. Das heißt, auch ein Teil des Himmels *südlich* des Äquators ist zu sehen, nämlich die Zone von 0° bis −40° Deklination. Die Zone von −40° bis −90° (Südpol) Deklination bleibt aber für den Beobachter in 50° Nord immer unbeobachtbar.
Begibt sich der Beobachter auf den Nordpol, so fällt der Himmelsnordpol mit dem Zenit

Abb. 48. Abhängigkeit des Himmelsanblicks von der geographischen Breite.

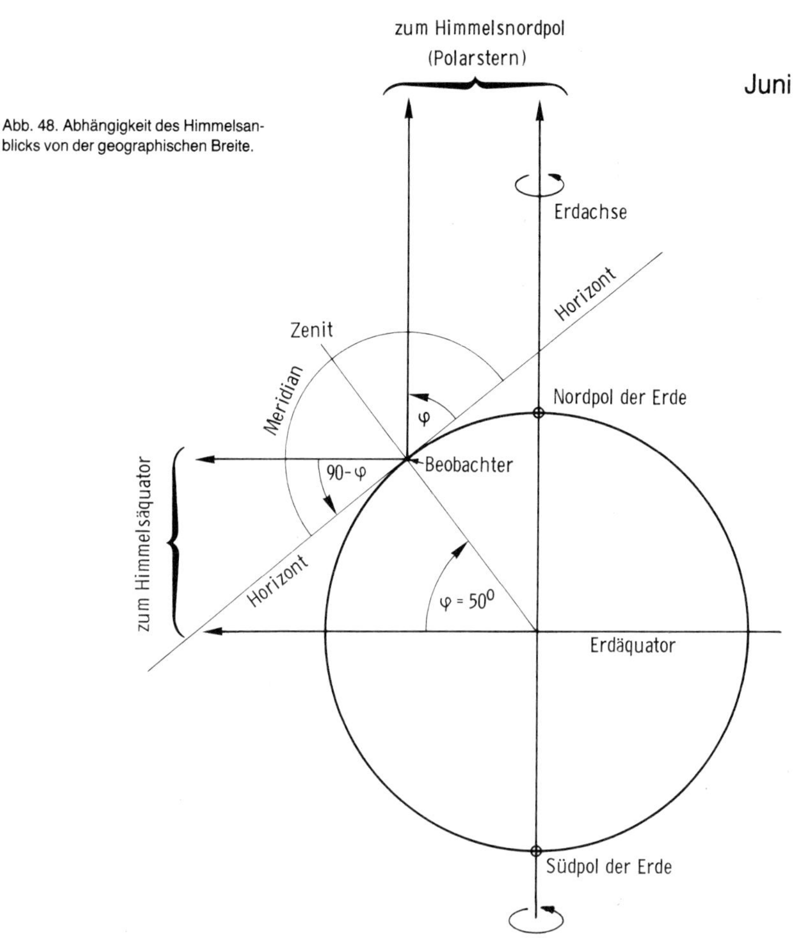

zusammen. Der Polarstern steht senkrecht über ihm im Scheitelpunkt. Auf dem Nordpol sind nur Sterne nördlich des Himmelsäquators zu sehen, also nur Objekte mit positiver Deklination.

Am Erdäquator hingegen sind alle Sterne der gesamten Himmelsfläche (41 253 Quadratgrad) von +90° bis −90° Deklination zu sehen. Der Himmelsäquator geht durch den Zenit, Himmelsnord- und Himmelssüdpol liegen in der Horizontlinie.

Ein Beobachter auf der Südhalbkugel sieht unseren Polarstern nicht. Für ihn bleibt der Himmelsnordpol immer unter dem Horizont. Je weiter er nach Süden wandert, eine desto größere Zone des Nordhimmels bleibt ihm verborgen. In 40° Süd sieht er nur Sterne von −90° bis +50° Deklination. Der Große Wagen geht dort nie auf. Auf dem Südpol der Erde sind analog zum Norden nur noch Gestirne auf der südlichen Hemisphäre des Himmelsgewölbes zu beobachten.

Einem weit verbreiteten Irrglauben zum Trotz: auch auf der Südhalbkugel gehen Sonne, Mond und Sterne im Osten auf und im Westen unter. Ihre Höchststellung im Meridian (obere Kulmination) erreichen sie allerdings in *nördlicher* Richtung. Auch ist auf der Nord- und Südhalbkugel zur gleichen Zeit Neumond, zunehmender Mond, Vollmond und

Juni

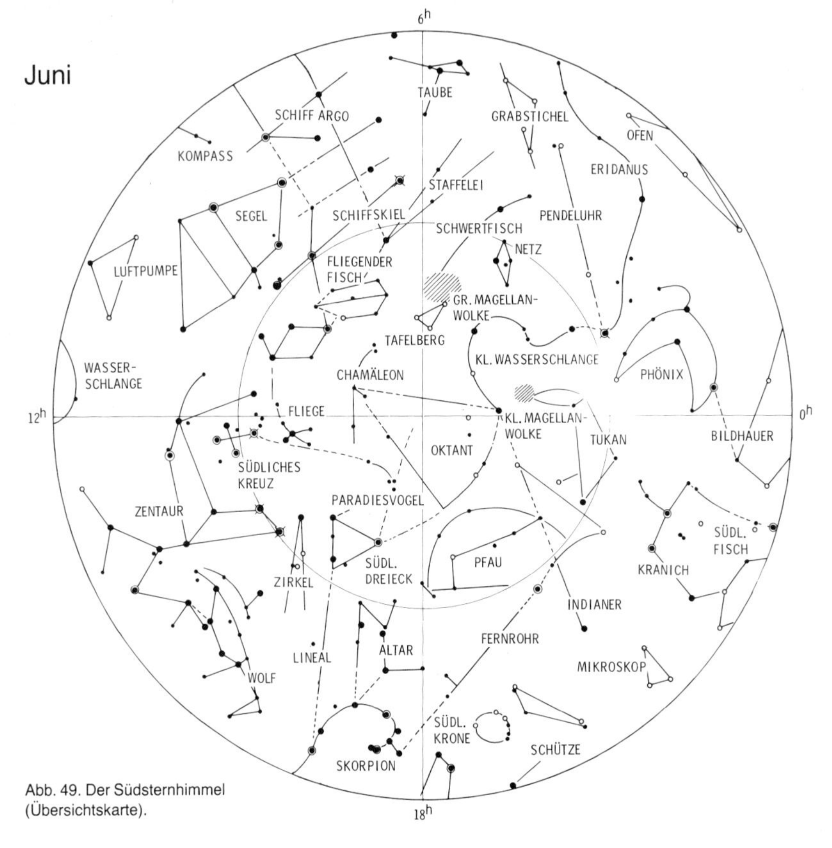

Abb. 49. Der Südsternhimmel (Übersichtskarte).

abnehmender Mond. Allerdings sieht man die Mondsichel „verkehrt herum". Zunehmender Mond erscheint von der Südhalbkugel wie bei uns abnehmender Mond.
Der Südsternhimmel ist oft schwärmerisch beschrieben worden. Das wohl bekannteste Bild ist das Kreuz des Südens (siehe Abb. 49). Die beiden hellen Hufsterne des Zentauren α und β weisen wie ein Pfeil auf das Kreuz. Kanopus, der Hauptstern im Bild Schiffskiel, sei als zweithellster Stern des Firmaments ebenfalls erwähnt. Er diente etlichen unbemannten Raumsonden zu den Planeten als Leitstern.
Die beiden Magellanschen Wolken, Begleitsternsysteme unserer Milchstraße und nach dem portugiesischen Seefahrer Fernão de Magellan (1480–1521) benannt, zieren ebenfalls den Südhimmel, der auch reich an Vögeln ist: Pfau (Pavo), Tukan (Tucana), Kranich (Grus), Paradiesvogel (Apus), Phönix (Phoenix), Taube (Columba) und Rabe (Corvus). Hinzu kommt noch die Fliege (Musca) und der Fliegende Fisch (Volans).
Während die Sternbilder des Nordens meist aus der griechisch-römischen Mythologie stammen, wurden die Südbilder erst in der Neuzeit von den Weltumseglern benannt. Viele Sternbilder gehen auf Nicolas de Lacaille (1713–1762) zurück, der moderne Gegenstände und Geräte aus der Seefahrt an den Himmel versetzte: Grabstichel (Caelum), Mikroskop (Microscopium), Zirkel (Circinus), Teleskop (Telescopium), Winkelmaß (Norma), Schiffskompaß (Pyxis), Oktant (Octans), Sextant (Sextans), Netz (Reticulum), Malerstaffelei (Pictor) und Schiffssegel (Vela).

Sonnenlauf

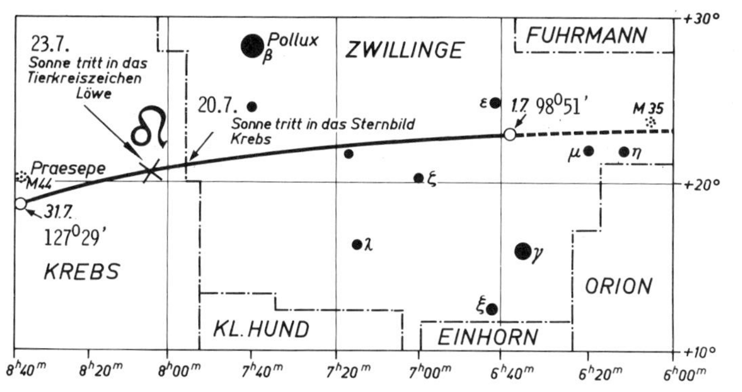

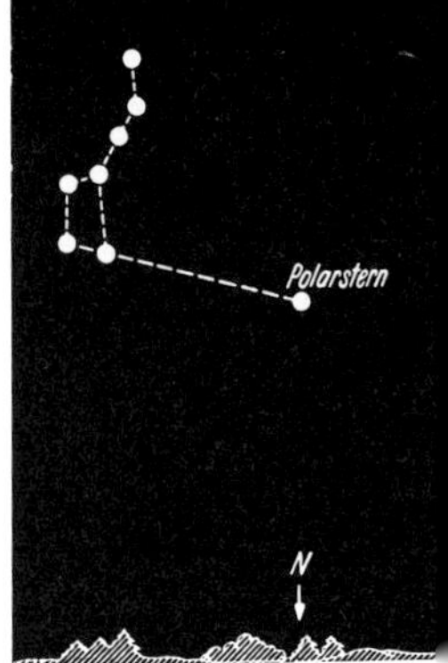

Himmelswagen
Anfang Juli 22h

Tages- und Nachtstunden im Juli

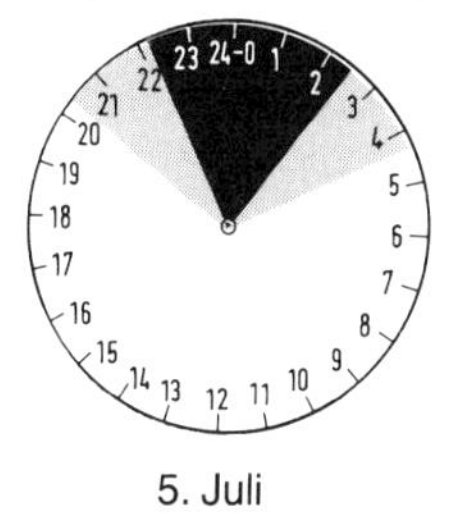

5. Juli

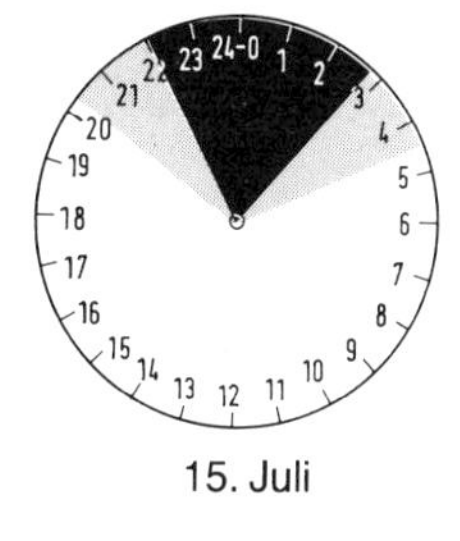

15. Juli

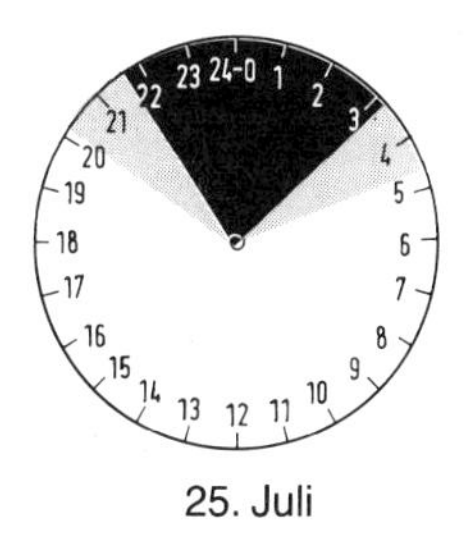

25. Juli

Sonne

Dat.	*Aufg.*	*Unterg.*	*Kulmin.*	*Rektas.*	*Deklin.*	*Sternzeit*
05.	4^h17^m	20^h31^m	12^h24^m	6^h55^m	+22°,8	18^h51^m
10.	4 22	20 28	12 25	7 16	+22 ,3	19 10
15.	4 27	20 24	12 26	7 36	+21 ,6	19 30
20.	4 33	20 19	12 26	7 56	+20 ,8	19 50
25.	4 39	20 13	12 26	8 16	+19 ,8	20 09
30.	4 46	20 06	12 26	8 36	+18 ,6	20 29

Julianisches Datum am 1. Juli,
1^h MEZ: 2 445 151.5

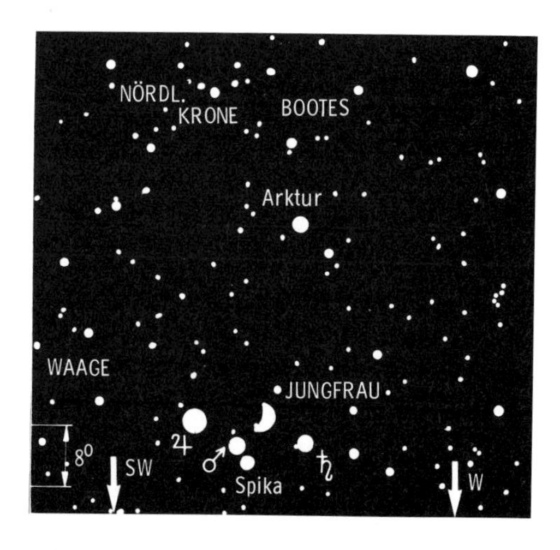

Abb. 50. Himmelsanblick am 26. 7. gegen 21^h40^m MEZ.

Juli

Mondlauf im Juli

Dat.	*Aufg.*	*Unterg.*	*Rektas.*	*Deklin.*	*Sterne und Sternbilder*	*Phase*	*MEZ*
Do 1.	15^h55^m	1^h32^m	14^h39^m	$-10°,6$	Waage		
Fr 2.	17 00	1 54	15 26	−14 ,5			
Sa 3.	18 04	2 21	16 14	−17 ,8	Skorpion		
So 4.	19 04	2 52	17 03	−20 ,4	Schlangenträger		
Mo 5.	19 59	3 29	17 53	−22 ,1	Schütze	Erdferne	
Di 6.	20 47	4 14	18 44	−22 ,8		**Vollmond** Totale Mondfinsternis Absteigender Knoten	8^h32^m
Mi 7.	21 28	5 07	19 36	−22 ,4			
Do 8.	22 03	6 06	20 27	−21 ,1	Steinbock		
Fr 9.	22 31	7 10	21 17	−18 ,8			
Sa 10.	22 56	8 16	22 07	−15 ,6	Wassermann		
So 11.	23 18	9 25	22 55	−11 ,7			
Mo 12.	23 38	10 34	23 43	− 7 ,3	Fische		
Di 13.	23 59	11 46	0 30	− 2 ,4	Walfisch	Größte Südbreite Libration Ost	
Mi 14.	– –	12 59	1 19	+ 2 ,7	Fische	**Letztes Viertel**	4^h47^m
Do 15.	0 21	14 15	2 09	+ 7 ,8			
Fr 16.	0 46	15 34	3 02	+12 ,6	Widder		
Sa 17.	1 17	16 55	3 59	+16 ,9	Stier		
So 18.	1 55	18 12	5 00	+20 ,3			
Mo 19.	2 45	19 22	6 03	+22 ,3	Zwillinge	Erdnähe Aufsteigender Knoten	
Di 20.	3 47	20 20	7 09	+22 ,7		**Neumond** Partielle Sonnenfinsternis	19^h57^m
Mi 21.	5 01	21 06	8 14	+21 ,5	Krebs		
Do 22.	6 20	21 42	9 16	+18 ,8			
Fr 23.	7 41	22 10	10 16	+14 ,9	Löwe, Regulus		
Sa 24.	8 59	22 34	11 11	+10 ,3			
So 25.	10 15	22 56	12 02	+ 5 ,3	Jungfrau		
Mo 26.	11 27	23 16	12 52	+ 0 ,2		Größte Nordbreite Libration West	
Di 27.	12 36	23 36	13 39	− 4 ,8	Spika	**Erstes Viertel**	19^h22^m
Mi 28.	13 44	23 59	14 26	− 9 ,4	Waage		
Do 29.	14 51	– –	15 13	−13 ,5			
Fr 30.	15 55	0 24	16 01	−17 ,1	Skorpion		
Sa 31.	16 57	0 53	16 50	−19 ,8	Schlangenträger		

Planetenlauf im Juli

Merkur bleibt im Juli unbeobachtbar. Seine obere Konjunktion mit der Sonne fällt auf den 25.

Venus gilt nach wie vor als Glanzpunkt des Morgenhimmels, obwohl sie im Juli mit $-3^m,3$ ihre geringste Helligkeit erreicht. Sie ist damit zwar eine ganze Größenklasse schwächer als im Februar, aber absolut gesehen nach wie vor das hellste Gestirn. Am 1. geht sie im Nordosten um 2^h19^m, am 31. um 2^h38^m auf und bleibt etwa 1½ Stunden sichtbar, bis sie in der Morgendämmerung verblaßt. Am 4. passiert die Venus 4° nördlich Aldebaran.

Mars passiert am 10. den Ringplaneten, der 3° nördlich vom roten Planeten steht. Am 21. zieht er 1°,6 nördlich an Spika vorbei. Geht Mars zu Monatsbeginn noch um Mitternacht unter, so schrumpft seine Sichtbarkeitsdauer auf etwa 1½ Stunden zu Monatsende (Untergang am 31. um 22^h35^m, Auftauchen in der Abenddämmerung gegen 21^h).

Jupiter ist nun endgültig Planet der ersten Nachthälfte. Seine Helligkeit sinkt auf $-1^m,6$, das Scheibchen mißt nur noch 36". Nach Einbruch der Dunkelheit ist er im Südwesten zu finden, sein Untergang erfolgt zu Monatsbeginn um 0^h53^m, am Monatsende schon um 22^h54^m.

Saturn wird am 10. vom Mars überholt (siehe Mars). Die immer früher erfolgenden

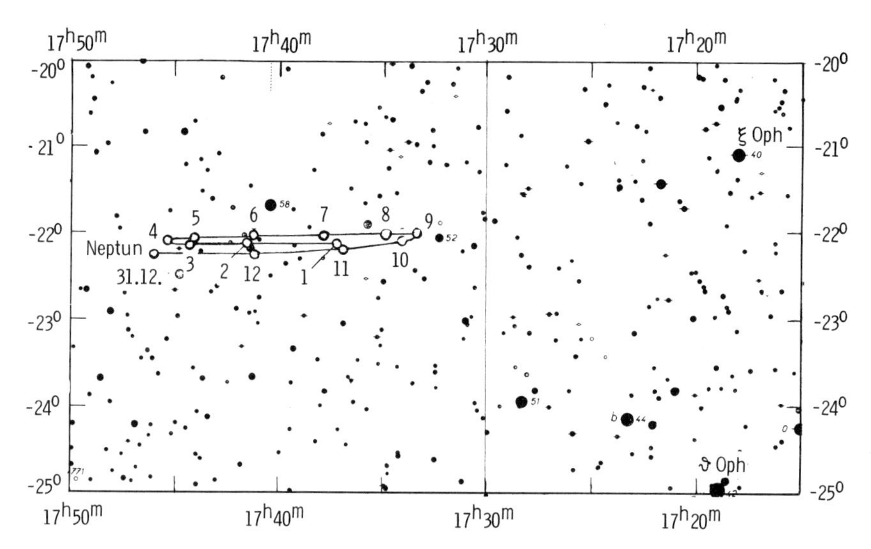

Abb. 51. Bahn des Planeten Neptun 1982 im Sternbild Schlangenträger. Die Zahlen geben die Positionen am jeweiligen Monatsersten an.

Untergänge lassen ihn zum Planeten des Abendhimmels werden (Untergang am 31.: 22^h32^m).

Uranus zieht sich langsam aus der zweiten Nachthälfte zurück. Am 31. geht er bereits um 23^h57^m unter.

Neptun hat seine Opposition hinter sich und ist in den Stunden um Mitternacht im Schlangenträger aufzufinden. Am 31. geht er bereits um 1^h33^m unter.

Ceres wird am 2. stationär und bewegt sich von da ab rechtläufig.

Abb. 52. Die Bewegungen der Planeten Mars und Jupiter 1982 im Gebiet der Sternbilder Jungfrau – Waage – Skorpion. Mars zieht am 10. August 2° südlich an Jupiter vorbei.

Jupiter/Mars (jeweils Monatserster)

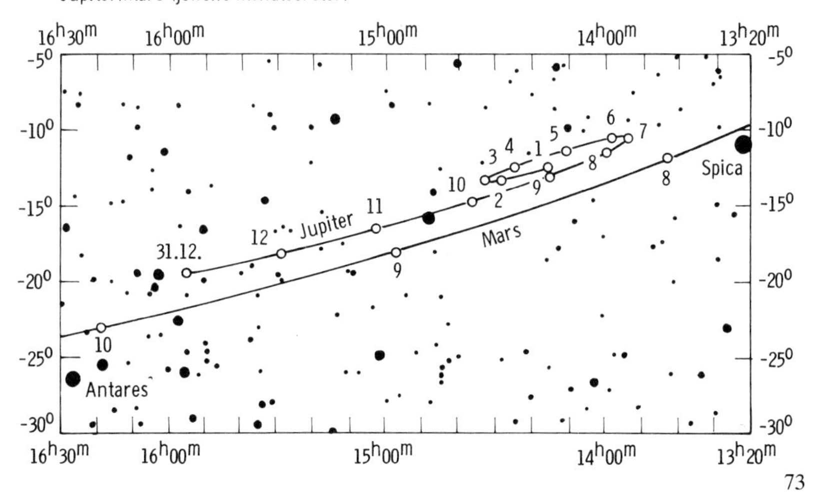

Juli

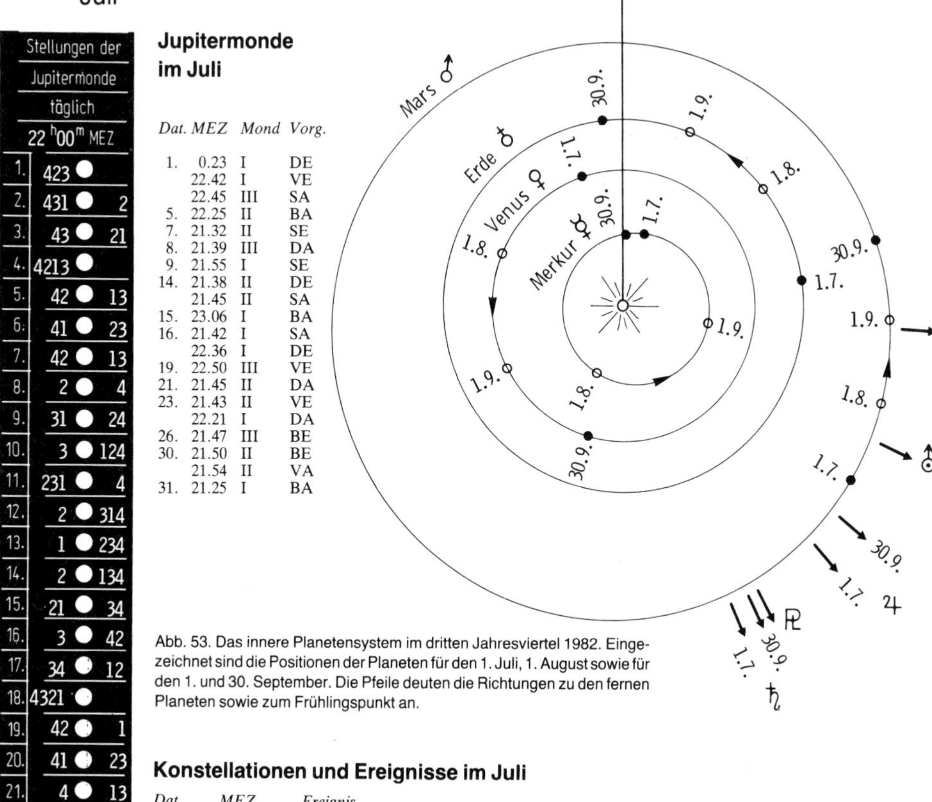

Stellungen der Jupitermonde täglich 22h00m MEZ			
1.	423	●	
2.	431	●	2
3.	43	●	21
4.	4213	●	
5.	42	●	13
6.	41	●	23
7.	42	●	13
8.	2	●	4
9.	31	●	24
10.	3	●	124
11.	231	●	4
12.	2	●	314
13.	1	●	234
14.	2	●	134
15.	21	●	34
16.	3	●	42
17.	34	●	12
18.	4321	●	
19.	42	●	1
20.	41	●	23
21.	4	●	13
22.	421	●	3
23.	43	●	12
24.	34	●	2
25.	321	●	4
26.	2	●	314
27.	1	●	234
28.		●	2134
29.	21	●	34
30.	3	●	14
31.	3	●	24

Jupitermonde im Juli

Dat.	*MEZ*	*Mond*	*Vorg.*
1.	0.23	I	DE
	22.42	I	VE
	22.45	III	SA
5.	22.25	II	BA
7.	21.32	II	SE
8.	21.39	III	DA
9.	21.55	I	SE
14.	21.38	II	DE
	21.45	II	SA
15.	23.06	I	BA
16.	21.42	I	SA
	22.36	I	DE
19.	22.50	III	VE
21.	21.45	II	DA
23.	21.43	II	VE
	22.21	I	DA
26.	21.47	III	BE
30.	21.50	II	BE
	21.54	II	VA
31.	21.25	I	BA

Abb. 53. Das innere Planetensystem im dritten Jahresviertel 1982. Eingezeichnet sind die Positionen der Planeten für den 1. Juli, 1. August sowie für den 1. und 30. September. Die Pfeile deuten die Richtungen zu den fernen Planeten sowie zum Frühlingspunkt an.

Konstellationen und Ereignisse im Juli

Dat.	*MEZ*	*Ereignis*
2.	16^h	Mond bei Uranus, Mond 4° nördlich
4.	15	Erde im Aphel (Sonnenferne) (Erde – Sonne: 152,1 Millionen km)
4.	18	Mond bei Neptun, Mond 0°,3 nördlich
6.	—	Totale Mondfinsternis, in Mitteleuropa unbeobachtbar
10.	1	Mars bei Saturn, Mars 3° südlich
18.	0	Merkur im Perihel
18.	20	Mond bei Venus, Mond 0°,6 südlich
20.	—	**Partielle Sonnenfinsternis** (siehe Seite 22)
25.	9	Merkur in oberer Konjunktion mit der Sonne
26.	8	Mond bei Saturn, Mond 3° nördlich
26.	23	Mond bei Mars, Mond 6° nördlich
27.	12	Mond bei Jupiter, Mond 4° nördlich
29.	22	Mond bei Uranus, Mond 4° nördlich

Periodische Sternschnuppenströme im Juli

Vom 20. bis 30. Juli flammen die Juli-Aquariden am Morgenhimmel auf (Objekte 3^m bis 5^m hell). Da der Hauptradiant etwa 3° westlich von δ Aqr liegt, heißt dieser Strom auch Delta-Aquariden. Im Maximum am 27. Juli sind etwa 30 Sternschnuppen pro Stunde zu erwarten. Vom 15. Juli bis 10. August sind die Capricorniden (Ausstrahlungspunkt im Steinbock) die ganze Nacht über beobachtbar.
Ferner tauchen schon die ersten Perseiden (siehe August) auf.

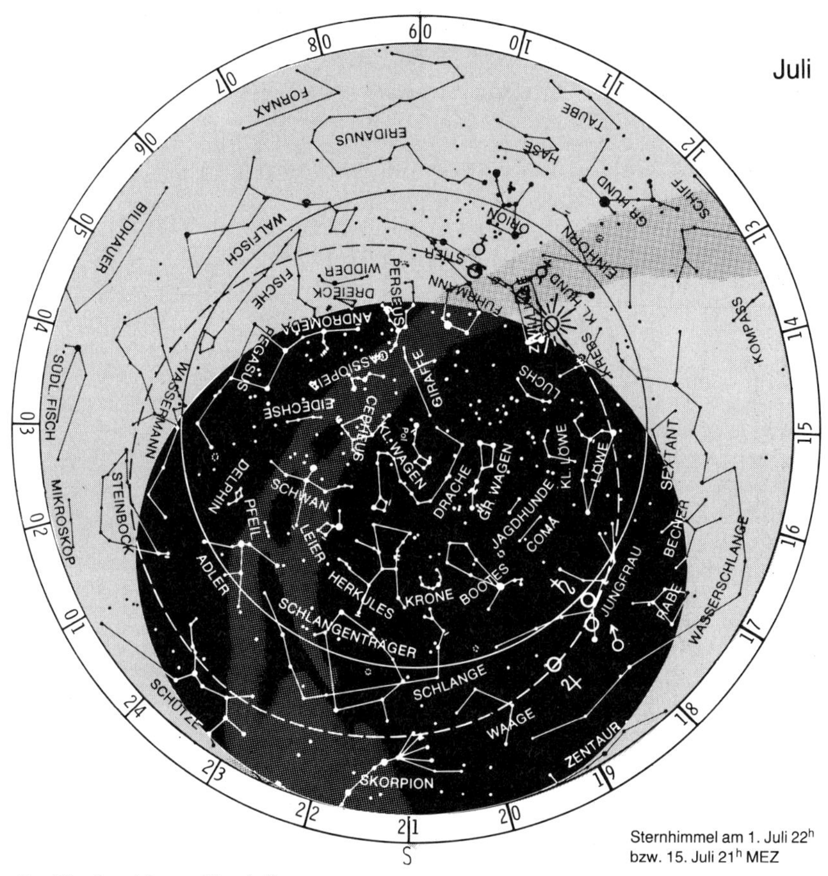

Sternhimmel am 1. Juli 22^h
bzw. 15. Juli 21^h MEZ

Der Fixsternhimmel im Juli

Jetzt entfaltet der Sommerhimmel seine volle Pracht, alle Bilder des Sommers stehen bereits über dem Horizont.

Als erstes ist das Sommerdreieck zu nennen, das unübersehbar den Osthimmel bestimmt (siehe auch Monatsthema Juli). Bootes mit Arktur und die Jungfrau mit der Spica sind die Leitbilder des westlichen Himmelsgewölbes, das durch die drei Planeten Mars, Saturn und Jupiter an Auffälligkeit gewinnt. Man kann nun gut den Verlauf des südlichen Teils der Ekliptik studieren: Über Spica geht ihr Weg, markiert durch Mars, Saturn und Jupiter, durch die unscheinbare Waage zum auffallend rot leuchtenden Antares, der jetzt tief im Süden steht. Antares ist ein Stern erster Größenklasse im Tierkreisbild Skorpion, das gerade den Meridian durchwandert.

Antares heißt soviel wie „marsähnlicher Stern", fälschlicherweise oft als „Gegenmars" gedeutet, weil er dem roten Planeten in der Färbung ähnlich ist, und seine Position nahe der Sonnenbahn liegt. Man hat jetzt gute Gelegenheit, dies zu prüfen, denn Mars und Antares stehen beide gleichzeitig über dem Horizont. Antares ist übrigens ein roter Riesenstern: stünde die Sonne in seinem Mittelpunkt, so läge die Erdbahn noch innerhalb der Antareskugel, denn sein Durchmesser beträgt 970 Millionen Kilometer. Antares ist 520 Lichtjahre von uns entfernt.

Juli

Vom Skorpion zieht sich die Sonnenbahn durch den Schützen, der tief im Südosten aufgegangen ist. Mond und Planeten erreichen also am abendlichen Sommerhimmel nur geringe Höhen, da sich die südlichen Teile der Ekliptik über dem Horizont befinden.
Hoch im Meridian, fast im Zenit, stößt man auf Herkules mit seinem berühmten Kugelsternhaufen M13. In dieser günstigen Position sollte man sich einmal die Mühe machen, die einzelnen Mitgliedsterne des Herkules zu identifizieren und sich in das Gesamtbild „hineinzudenken". Die Mühe lohnt sich!
Das Gleiche gilt für den Schlangenträger, der ebenfalls jetzt im Meridian steht und südlich vom Herkules zu finden ist. Diese Figur ist noch ausgedehnter als die des Herkules. Außerdem hält der Schlangenträger das Ungetüm von Schlange (lat.: Serpens). Der Kopf der Schlange reicht bis an die nördliche Krone heran, die zwischen Bootes und Herkules ihren Platz hat. Im Osten erstreckt sich der Schwanz der Schlange bis zum Sternbild Adler. Eine Kette schwacher Sterne zielt direkt auf den hellen Atair. Weil wir gerade bei lichtschwachen Sternbildern sind: auch den Drachen sollte man einmal gefunden haben! Zwar ist der Drache (lat.: Draco) als Zirkumpolarsternbild das ganze Jahr über sichtbar, aber momentan steht er, genauer sein Kopf, fast im Scheitelpunkt. Von hier schlängelt er sich um den Nordpol der Ekliptik zwischen Kleinem und Großem Wagen hindurch. Sein Schwanz deutet auf das wenig bekannte Bild Giraffe.
Die Milchstraße steigt im Süden zwischen Skorpion und Schütze empor in Richtung Adler, sie geht durch Schwan und Kassiopeia zum Nordpunkt am Horizont, wo man noch die helle Kapella im Fuhrmann erspähen kann.

Veränderliche Sterne im Juli

Algol-Minima	$15^d02^h18^m$	$17^d23^h07^m$				
β-Lyrae-Minima	10^d23^h	23^d21^h				
δ-Cephei-Maxima	4^d21^h	10^d06^h	15^d14^h	20^d23^h	26^d08^h	31^d17^h
Mira-Helligkeit	ca. 3^m, kurz nach dem Maximum					

Monatsthema

Das Sommerdreieck

In einem Verzeichnis der Sternbilder wird man vergebens nach einem „Sommerdreieck" suchen. Es gehört nicht zu den 88 „offiziellen" Sternbildern, die die IAU (International Astronomical Union, die Dachorganisation aller Fachastronomen) in ihren Katalog im Jahre 1925 aufgenommen hat. Aber drei helle Sterne bilden den auffälligen Schwerpunkt des abendlichen Sommerhimmels, die man landläufig „Sommerdreieck" nennt. Im Juli steht das Sommerdreieck gegen Mitternacht hoch im Süden. Es ist gewissermaßen das Gegenstück zum Wintersechseck. Das Sommerdreieck setzt sich aus den jeweils hellsten Sternen dreier Sternbilder zusammen; sie heißen: Wega, Deneb und Atair.
Die Wega gehört zu den hellsten Sternen des Himmels überhaupt und steht im Bild der Leier (Lyra). Der Sage nach wurde die Leier vom Götterboten Hermes erfunden, der sie seinem Halbbruder Apoll schenkte. Apoll vermachte sie seinem Sohn Orpheus, dem Musikanten der Argonauten.
Die Wega (α Lyr) strahlt ein grelles, bläulich-weißes Licht aus, was auf eine Oberflächentemperatur von knapp 10 000 Kelvin schließen läßt. Sie ist 26 Lichtjahre von uns entfernt (1 Lichtjahr = 9,46 Billionen Kilometer). Bei den babylonischen Astronomen hieß die Wega Dilgan, was Botschafter des Lichts bedeutet.

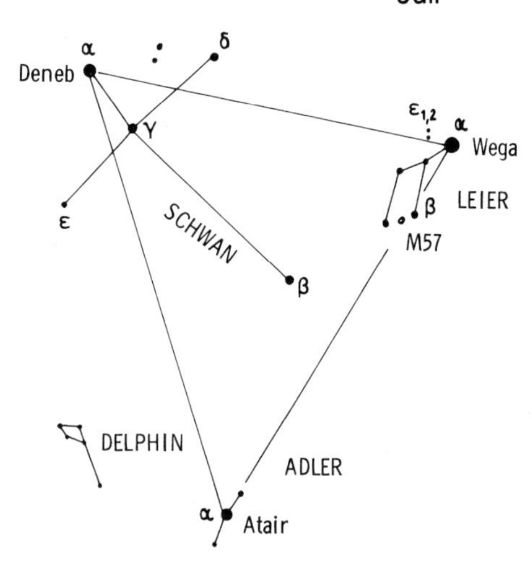

Abb. 54. Das Sommerdreieck.

Neben der Wega sieht man bei sehr klarem Himmel vier schwächere Sterne in der Form eines kleinen Rhombus: sie sollen den Leierkasten dieses himmlischen Musikinstruments andeuten.
Der Stern β Lyr (Sheliak) wurde 1784 von John Goodrike als veränderlich erkannt. In einem Zeitraum von knapp 13 Tagen schwankt seine Helligkeit zwischen 3. und 4. Größenklasse. Er gilt als Prototyp für eine ganze Klasse von Bedeckungsveränderlichen. In der Leier ist auch der berühmte Vierfachstern ε zu finden. Schon im Fernglas ist er leicht zu trennen: die Distanz beträgt 208". $ε_1$ und $ε_2$ sind jeweils wieder doppelt. Die Distanz von $ε_1$ beträgt gegenwärtig 2",8, von $ε_2$ 2",2. Die Doppelsonne $ε_1$ hat eine Umlaufzeit von 1165 Jahren, bei $ε_2$ beträgt sie 585 Jahre. Alle vier Sterne leuchten blau-weiß (Spektraltyp A).
Zwischen den Sternen β und γ findet sich der berühmte Ringnebel (M57) in der Leier, ein Leckerbissen für Fernrohrbeobachter. Der Ringnebel gehört zur Gruppe der Planetarischen Nebel.
Der Schwan fliegt durch die Milchstraße. Feldstecherbesitzern sei ein Blick in die Schwangegend angeraten. Prächtiges Sternengewimmel läßt die Milliarden Sonnen unserer Galaxis erahnen. Das Sternbild Schwan hat die Form eines Kreuzes. Man spricht deshalb auch vom „Kreuz des Nordens", dem Gegenstück zum kleineren „Kreuz des Südens", das ja in unseren Breiten nicht zu sehen ist. Der Hauptstern Deneb – ein Eckstern des Sommerdreiecks – gehört zu den absolut hellsten Sternen, die man kennt. Seine Leuchtkraft entspricht der von 10 000 unserer Sonnen. Trotz seiner enormen Entfernung von 1600 Lichtjahren gehört er deshalb noch zu den Sternen 1. Größe.
Zu den schönsten Doppelsternen zählt β Cygni (Albireo), der Kopfstern des Schwans. Seine Position liegt etwa im Schwerpunkt des Sommerdreiecks. Schon im Feldstecher sind die beiden 35" entfernten Komponenten leicht zu trennen. Der hellere Stern leuchtet orangerot, der schwächere bläulich. Auch Omikron Cygni, ein Dreifachstern, ist ein reizvolles Objekt für das Fernglas. Neben zahlreichen offenen Sternhaufen liegen noch der Nordamerikanebel und der Cirrennebel im Schwan, beides Objekte, die für den Amateur nicht leicht zu beobachten sind.
Der Adler ist ebenfalls ein Sternbild aus der griechischen Mythologie. Sein Hauptstern Atair (arabisch „der Fliegende") ist mit 16 Lichtjahren Entfernung ein Stern der Sonnennachbarschaft. Westlich von γ Aql findet man ein „dunkles Loch" in der Milchstraße. Diese scheinbare Sternenleere wird durch interstellare Staubmassen verursacht, die das Licht der dahinterliegenden Sterne verschlucken.
Neben dem Adler fällt das kleine Sternbild Delphin sofort ins Auge. Obwohl nur aus lichtschwachen Sternen zusammengesetzt, ist die markante Figur des Delphins leicht auszumachen.

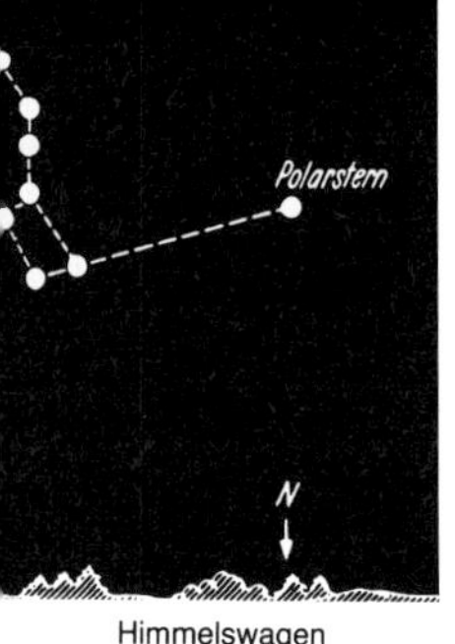

Himmelswagen
Anfang August 22ʰ

August

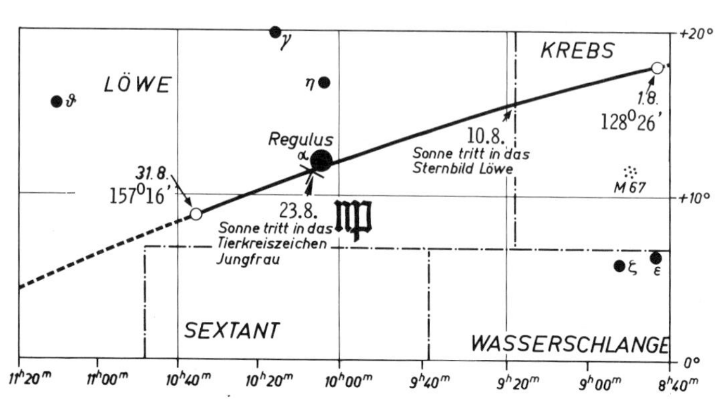

Tages- und Nachtstunden im August

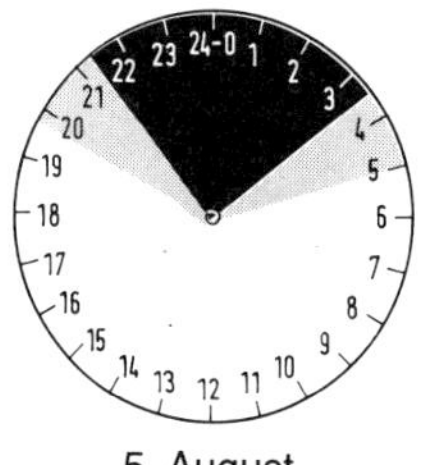

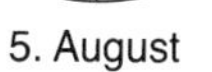

5. August

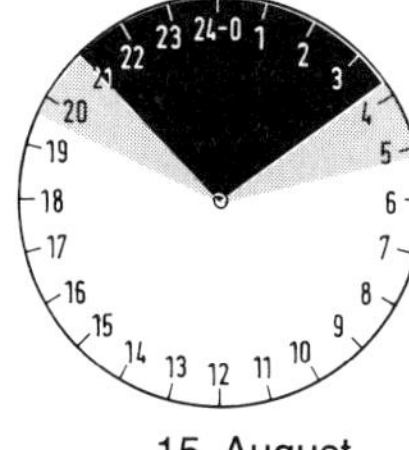

15. August

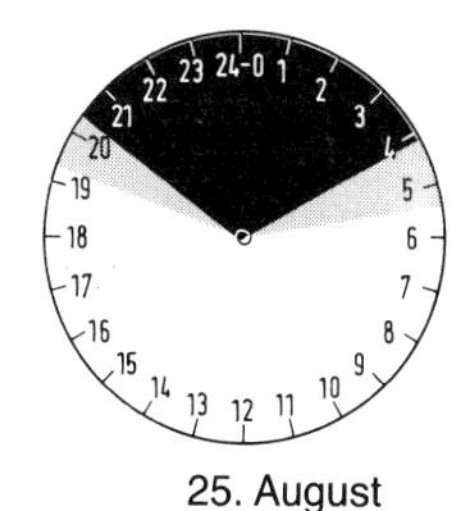

25. August

Sonne

Dat.	*Aufg.*	*Unterg.*	*Kulmin.*	*Rektas.*	*Deklin.*	*Sternzeit*
04.	4^h53^m	19^h59^m	12^h26^m	8^h55^m	+17°,4	20^h49^m
09.	5 00	19 50	12 26	9 14	+16 ,0	21 09
14.	5 07	19 41	12 25	9 33	+14 ,5	21 28
19.	5 15	19 32	12 24	9 52	+13 ,0	21 48
24.	5 22	19 22	12 22	10 10	+11 ,3	22 08
29.	5 30	19 11	12 21	10 29	+ 9 ,6	22 27

Julianisches Datum am 1. August, 1^h MEZ: 2 445 182.5

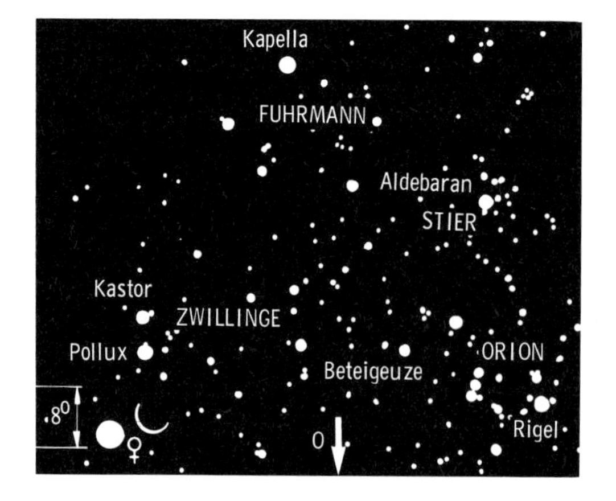

Abb. 55. Himmelsanblick am 17. 8. gegen 3^h40^m MEZ.

Mondlauf im August

Dat.	*Aufg.*	*Unterg.*	*Rektas.*	*Deklin.*	*Sterne und Sternbilder*	*Phase*	*MEZ*
So 1.	17^h54^m	1^h28^m	17^h40^m	$-21°,7$	Schlangenträger	Erdferne	
Mo 2.	18 44	2 11	18 31	−22 ,7	Schütze	Absteigender Knoten	
Di 3.	19 28	3 01	19 22	−22 ,6			
Mi 4.	20 04	3 58	20 14	−21 ,5	Steinbock	**Vollmond**	23^h34^m
Do 5.	20 35	5 01	21 05	−19 ,4			
Fr 6.	21 01	6 08	21 55	−16 ,4	Wassermann		
Sa 7.	21 23	7 16	22 44	−12 ,7			
So 8.	21 44	8 26	23 32	− 8 ,3			
Mo 9.	22 05	9 37	0 19	− 3 ,5	Fische	Größte Südbreite Libration Ost	
Di 10.	22 26	10 49	1 07	+ 1 ,5	Walfisch		
Mi 11.	22 49	12 03	1 57	+ 6 ,6	Fische		
Do 12.	23 16	13 19	2 48	+11 ,5	Widder	**Letztes Viertel**	12^h08^m
Fr 13.	23 50	14 36	3 42	+15 ,8	Stier		
Sa 14.	– –	15 53	4 39	+19 ,4	*Aldebaran		
So 15.	0 33	17 04	5 40	+21 ,8			
Mo 16.	1 28	18 06	6 43	+22 ,8	*Zwillinge	Aufsteigender Knoten	
Di 17.	2 35	18 57	7 47	+22 ,2	Kastor, Pollux	Erdnähe	
Mi 18.	3 52	19 37	8 50	+20 ,1	Krebs, Krippe		
Do 19.	5 12	20 08	9 50	+16 ,7	Löwe	**Neumond**	3^h45^m
Fr 20.	6 33	20 34	10 48	+12 ,3			
Sa 21.	7 51	20 57	11 41	+ 7 ,3	Jungfrau		
So 22.	9 07	21 18	12 32	+ 2 ,1		Größte Nordbreite	
Mo 23.	10 19	21 39	13 22	− 3 ,1	*Spika	Libration West	
Di 24.	11 29	22 01	14 10	− 8 ,0			
Mi 25.	12 38	22 25	14 58	−12 ,4	Waage		
Do 26.	13 44	22 53	15 46	−16 ,2		**Erstes Viertel**	10^h49^m
Fr 27.	14 48	23 26	16 35	−19 ,2	Skorpion, Antares		
Sa 28.	15 47	– –	17 25	−21 ,4	Schlangenträger		
So 29.	16 40	0 06	18 16	−22 ,6	Schütze	Erdferne Absteigender Knoten	
Mo 30.	17 26	0 53	19 07	−22 ,8			
Di 31.	18 04	1 48	19 59	−22 ,0			

Planetenlauf im August

Merkur gewinnt nur langsam an Abstand von der Sonne. Zu einer Abendsichtbarkeit reicht es bis zum Monatsende noch nicht.

Venus ist zwar noch unbestritten Morgenstern, ihre Glanzzeit geht aber nun langsam zu Ende. Ihr Abstand von der Sonne schrumpft beträchtlich, sie nähert sich der oberen Konjunktion. Die Sichtbarkeitsdauer nimmt von etwa 1½ Stunden auf 1 Stunde am Monatsende ab, wo sie um 3^h55^m aufgeht. Am 9. steht sie 7° südlich von Pollux.

Mars begegnet dem Riesenplaneten Jupiter am 10. in der Jungfrau. Jupiter, der 2° nördlich über Mars steht, strahlt viel heller als der nun schon viel schwächere Mars. Jupiter ist mit $-1^m,4$ fast achtmal so hell wie Mars mit $0^m,8$. Obwohl Mars gegen Monatsende schon um 21^h12^m untergeht, kann er sich in der früher einsetzenden Abenddämmerung noch behaupten. Er ist tief im Südwesten zu suchen.

Jupiter hat seine Hauptbeobachtungsperiode schon hinter sich gebracht. Am Abendhimmel ist er in westlicher Richtung leicht als helles Gestirn zu entdecken. Am 10. zieht der schnellere Mars an Jupiter vorbei. Mars ist der südlichere der beiden hellen Planeten (rund 2°).

Saturn steht mit Einbruch der Dunkelheit schon horizontnah am Westhimmel. Seine Helligkeit ist auf $1^m,1$ zurückgegangen. Am 22. findet man Saturn 3° südlich der zunehmenden Mondsichel. Nach dem 22. macht es bereits Mühe, den Ringplaneten noch zu sehen.

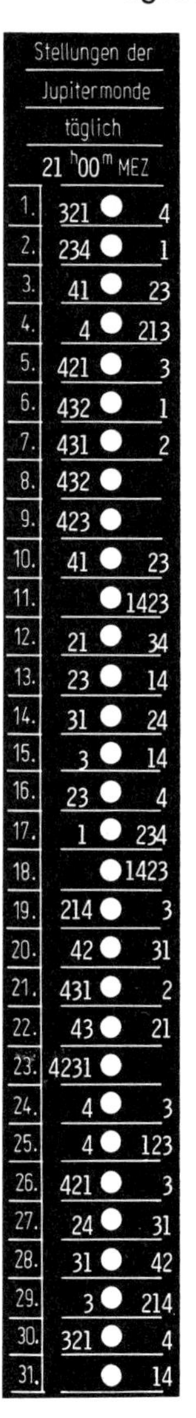

Stellungen der Jupitermonde täglich 21^h00^m MEZ

Tag	West		Ost
1.	321	●	4
2.	234	●	1
3.	41	●	23
4.	4	●	213
5.	421	●	3
6.	432	●	1
7.	431	●	2
8.	432	●	
9.	423	●	
10.	41	●	23
11.		●	1423
12.	21	●	34
13.	23	●	14
14.	31	●	24
15.	3	●	14
16.	23	●	4
17.	1	●	234
18.		●	1423
19.	214	●	3
20.	42	●	31
21.	431	●	2
22.	43	●	21
23.	4231	●	
24.	4	●	3
25.	4	●	123
26.	421	●	3
27.	24	●	31
28.	31	●	42
29.	3	●	214
30.	321	●	4
31.		●	14

Uranus beendet am 9. seine Rückläufigkeit und wird stationär. Dann bewegt er sich wieder rechtläufig im Grenzgebiet Waage/Skorpion.
Neptun kann nach Ende der astronomischen Dämmerung im Schlangenträger gefunden werden. Im letzten Monatsdrittel geht er schon vor Mitternacht wieder unter.
Vesta bietet Feldstecherbesitzern nun günstige Beobachtungschancen. Sie steht am 10. in Opposition zur Sonne und erreicht $5^m,8$ Helligkeit – vergleichbar mit Uranus. Von Nachteil ist nur ihre südliche Position – sie bewegt sich durch den Steinbock (siehe auch Aufsuchkärtchen Vesta).
Juno wird am 19. stationär und ist anschließend rechtläufig.

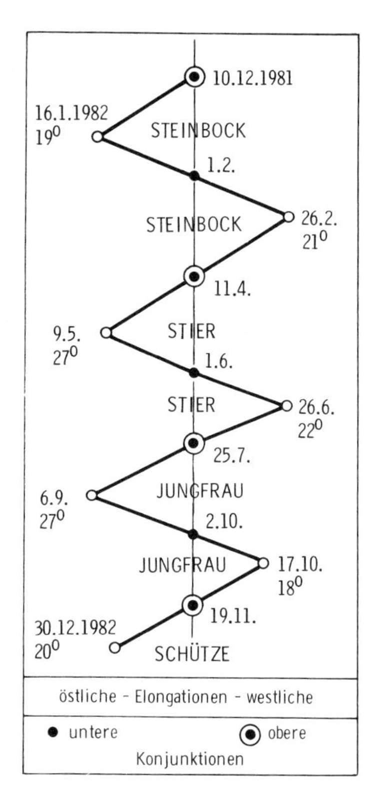

Abb. 56. Übersichtsdiagramm der Konjunktionen und größten Elongationen des Merkur 1982.

Konstellationen und Ereignisse im August

Dat.	*MEZ*	*Ereignis*
1.	0^h	Mond bei Neptun, Mond 0°,4 nördlich
9.	13	Uranus im Stillstand, anschließend rechtläufig
10.	2	Mars bei Jupiter, Mars 2° südlich
17.	15	Mond bei Venus, Mond 1°,4 nördlich
20.	16	Mond bei Merkur, Mond 5° nördlich
22.	21	Mond bei Saturn, Mond 3° nördlich
24.	2	Mond bei Jupiter, Mond 4° nördlich
24.	16	Mond bei Mars, Mond 6° nördlich
26.	5	Mond bei Uranus, Mond 3° nördlich
28.	6	Mond bei Neptun, Mond 0°,3 nördlich
31.	0	Merkur im Aphel

Periodische Sternschnuppenströme im August

Der August ist der „Sternschnuppenmonat" schlechthin. Seinen Ruf verdankt er den Perseiden, deren Gipfel zwischen dem 10. und 14. August liegt. Davor und danach ist ebenfalls mit „Sternschnuppenregen" zu rechnen. Helle Objekte (um 0^m und heller, sogenannte Boliden) sind keine Seltenheit. Als schönster und reichster Strom bescheren die

August

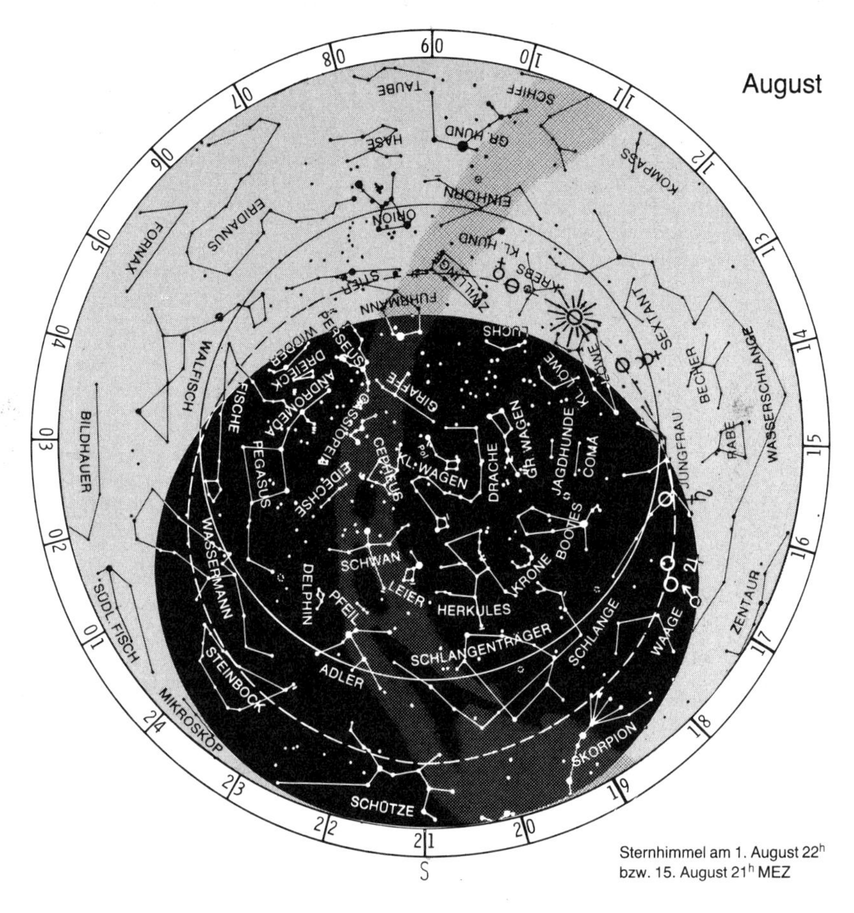

Sternhimmel am 1. August 22^h bzw. 15. August 21^h MEZ

Perseiden bis zu 70 Sternschnuppen pro Stunde. Ihr Ursprung wird auf den Kometen Swift-Tuttle (1862 III) zurückgeführt. Beste Beobachtungszeit: ab 22^h bis 4^h morgens; schnelle Objekte (um 60 km/s). Im Jahre 1982 vermutlich besonders rege Tätigkeit.
Der Volksmund nennt die Perseiden auch Laurentius-Tränen nach dem Märtyrer Laurentius (gest. 258 n. Chr.).

Der Fixsternhimmel im August

Noch hat sich der Charakter des Sommerhimmels kaum geändert, wenn auch im Vergleich zum Vormonat Arktur schon tiefer im Westen zu finden ist, und im Osten das Pegasusquadrat aufgegangen ist, das – wie sein Beiname Herbstviereck erkennen läßt – die kommende Jahreszeit andeutet. Hoch im Süden nimmt das Sommerdreieck mit Wega, Deneb und Atair seine Position ein. Die Wega steht fast senkrecht über dem Beobachter.
Herkules, Krone und der Schlangenträger mit der Schlange sind in der westlichen Hemisphäre zu sehen. Der Skorpion mit dem roten Antares schickt sich bereits tief im Südwesten an unterzugehen. Auch der Große Himmelswagen verliert an Höhe und befindet sich bereits am absteigenden Teil seiner Bahn um den Polarstern, während diametral die Kassiopeia, das Himmels-W, emporsteigt. Im Nordosten leuchtet horizontnah die Kapella.

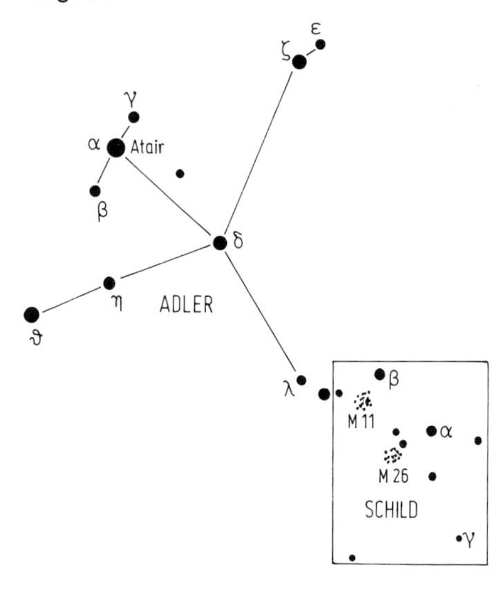

Abb. 57. Die Sternbilder Adler und Schild mit den offenen Sternhaufen M 11 und M 26.

Der gesamte Südosten präsentiert sich ziemlich düster. Nur die schwachen Sterne der Tierkreisbilder Steinbock und Wassermann nehmen gegenwärtig dieses Areal ein.
Günstig ist das leuchtende Band der sommerlichen Milchstraße zu beobachten. Es zieht sich vom Süden durch das Sternbild Schild, den Adler, den Delphin über Kepheus und Kassiopeia zum Nordhorizont.
Im Bereich der Sternbilder Schütze und Schild ist die Milchstraße besonders hell. In dieser Richtung liegt auch das Milchstraßenzentrum, das wir allerdings nicht sehen können. Was wir beobachten, sind vorgelagerte Sterne. Das Sternbild Schild (lat.: Scutum), das zwischen Schütze und Adler liegt, ist ein neuzeitliches Sternbild. Es wurde von Hevelius erst im 17. Jahrhundert zur Erinnerung an die Befreiung Wiens von der türkischen Belagerung im Jahre 1683 eingeführt. Es soll das Wappenschild des Polenkönigs Sobieski darstellen.
Objekte für Feldstecher und Fernrohr: Zu den Paradeobjekten bei den Doppelsternen gehört auch der Vierfachstern $\varepsilon_{1,2}$ in der Leier. Wie Mizar gilt er als Augenprüfer – allerdings ist er nur für wirklich gute Augen bei ruhiger, klarer Luft ohne Störung durch irdische Lichtquellen zu trennen. ε_1 und ε_2 sind 208" voneinander getrennt und $4^m,5$ bzw. $4^m,7$ hell. Ein Fernglas schafft somit die Trennung spielend. Ab etwa 8 cm Öffnung können sowohl ε_1 als auch ε_2 getrennt werden. Die Komponenten von ε_1 sind $5^m,0$ und $6^m,1$ hell, die Distanz liegt bei 2",75. Die Werte für ε_2 lauten: $5^m,1$ $5^m,4$ d = 2",25.
Weil wir schon in der Leier sind: auch ζ ist ein Doppelstern mit $4^m,3$ und $5^m,7$ Komponenten, die Distanz von 47" ist leicht schon von einem Zweizöller zu schaffen.

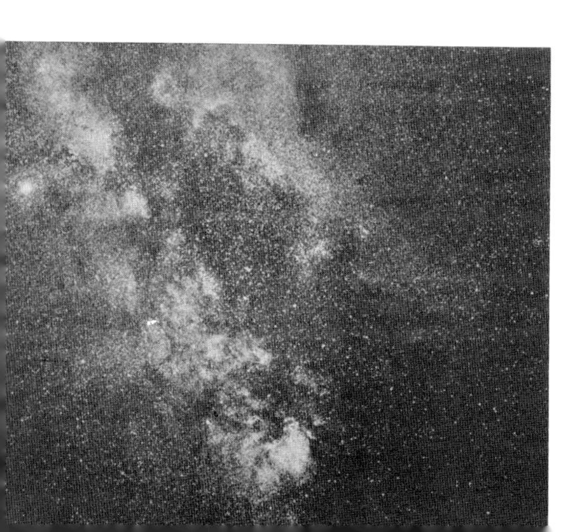

Abb. 58. Milchstraße in der Gegend des Sternbildes Schild.

Zu den schönsten Doppelsternen zählt Albireo (β Cygni), der Kopfstern des Schwans. Ein rotgelber Stern (3^m,2) wird von einem etwas schwächeren (5^m,4) blauweißen Stern begleitet, Abstand 34",6, also bequem zu trennen. Albireo liegt etwa im Schwerpunkt des Sommerdreiecks.

Mitten in der Milchstraße, in der hellen Schildwolke, ein wenig südwestlich des Adlers, findet man schon mit dem Feldstecher den offenen Sternhaufen M11. Fast könnte man den Eindruck gewinnen, einen Kugelhaufen oder Nebel vor sich zu haben. Erst mit stärkeren Optiken erkennt man das dichte Sternengewimmel dieses galaktischen Haufens. In der Nähe liegt noch M26, ebenfalls ein offener Sternhaufen, aber erheblich lichtschwächer. M26 wirkt wie ein Nebel und kann als gutes Trainingsobjekt empfohlen werden!

Veränderliche Sterne im August

Algol-Minima	$4^d03^h58^m$	$7^d00^h47^m$	$9^d21^h35^m$	$24^d05^h38^m$	$27^d02^h27^m$	$29^d23^h16^m$
β-Lyrae-Minima	5^d20^h	18^d18^h	31^d16^h			
δ-Cephei-Maxima	6^d02^h	11^d10^h	16^d19^h	22^d04^h	27^d13^h	
Mira-Helligkeit	ca. 4^m, fallend					

Monatsthema

Sterne, die vom Himmel fallen

„Ein Stern fällt vom Himmel" mag manch einer spontan denken, wenn er eine Sternschnuppe über das nachtschwarze Firmament huschen sieht. Unsere fernen Vorfahren mögen das auch wirklich geglaubt haben. Im Gegensatz zu den Sternen, riesigen glühenden Gaskugeln, Geschwistern unserer Sonne, sind Sternschnuppen aber winzig klein. Oft erreichen sie nicht einmal einen Millimeter Durchmesser. Kosmische Materie verglüht beim Eintritt in die Erdatmosphäre.

Die Fachbezeichnung lautet: das Meteor (griech. μετέωρος) und bedeutet schlicht Himmelserscheinung. Unter „Meteor" (nicht zu verwechseln mit „Komet") versteht man das Aufleuchten einer Sternschnuppe. Der „Meteorit" hingegen ist der Körper, der in unserer Lufthülle vor Hitze aufleuchtet. Helle Meteore (über -1^m) werden „Boliden" oder Feuerkugeln genannt, bis 6^m spricht man von Sternschnuppen, unter 6^m von „teleskopischen Meteoren", da sie ohne optische Hilfsmittel nicht wahrnehmbar sind.

Die Häufigkeit von Meteoren ist sehr unterschiedlich: Manchmal muß man lange warten, bis man eine Sternschnuppe zu Gesicht bekommt, dann wieder scheinen sie einander zu jagen; eine nach der anderen flammt auf, wie bei einem irdischen Feuerwerk.

Zeichnet man die Bahnspuren der Meteore in eine Sternkarte ein, so scheinen sie sich häufig in einem Punkt, genauer, in einem eng begrenzten Gebiet zu treffen, den man Fluchtpunkt oder Radiant nennt. Von ihm her scheinen die Sternschnuppen gleichsam auszuströmen. Nach der Lage des Radianten erhalten die Meteorströme ihre Bezeichnungen. Liegt der Fluchtpunkt im Sternbild Leier, so handelt es sich um die Lyriden; die Aquariden scheinen aus dem Gebiet des Wassermanns (Aquarius) zu kommen, die Leoniden wiederum purzeln aus dem Löwen. Freilich haben die Leoniden nichts mit den Sternen des Löwen zu tun; sie kommen nicht aus diesen fernen Raumbezirken, sondern aus dem interplanetaren Raum. Der Fluchtpunkt entsteht durch einen geometrischen Effekt: Die Erde rast durch eine Gruppe von Meteoriten – genau wie wenn ein Auto durch ein Schneegestöber fährt. Alle Teilchen bewegen sich dabei scheinbar perspektivisch von einem Punkt fort.

Abb. 59. Bahnspur eines hellen Meteors, auch Feuerkugel oder Bolide genannt.

Lange glaubte man nicht an die Steine, die vom Himmel fallen. Erst der Physiker Chladni wies den außerirdischen Ursprung der Meteoriten nach, indem er sorgfältige Beobachtungen von Sternschnuppen durchführen ließ. Von verschiedenen Beobachtungsorten aus wurden zur gleichen Zeit die Positionen von Sternschnuppen bestimmt. Aus der Parallaxe konnten dann Flughöhe und Bahnverlauf ermittelt werden: die meisten Meteore leuchten in Höhen zwischen 40 und 80 km auf.

Manche Sternwarten sind auf die Meteorbeobachtung spezialisiert. Besondere Superweitwinkelkameras erlauben eine permanente Überwachung des gesamten Himmels. Aber auch tagsüber werden Meteore verfolgt, und zwar mit Radar: Die Luftmoleküle entlang einer Meteoritenbahn werden ionisiert (elektrisch leitend gemacht) und reflektieren damit elektromagnetische Wellen. Ausgesandte Radiosignale werden also wieder zurückgeworfen und von Radioteleskopen empfangen.

Trotz der professionellen Meteorbeobachtung ist auch heute noch für den Amateurastronomen die Beobachtung von Sternschnuppen interessant. Folgende Angaben sollten im Protokoll vermerkt werden: Name des Beobachters, Ort (am besten geographische Koordinaten), Datum, genaue Uhrzeit, Zeitpunkt des Aufleuchtens und des Erlöschens eines Meteors, Bahnverlauf unter den Sternbildern (Aufleuchtpunkt und Endpunkt), Helligkeit, Farbe, Besonderheiten (Zerplatzen, Zisch- oder Knallgeräusche), Wetterangaben (Sichtbedingungen!).

Die wichtigsten bei uns sichtbaren Meteorströme sind in den Monatsübersichten des Himmelsjahrs angegeben. Zu beachten ist, daß alle Daten Mittelwerte sind. Mit Verspätungen oder Verfrühungen ist zu rechnen. Ebenso fällt die Aktivität der Ströme von Jahr zu Jahr unterschiedlich aus.

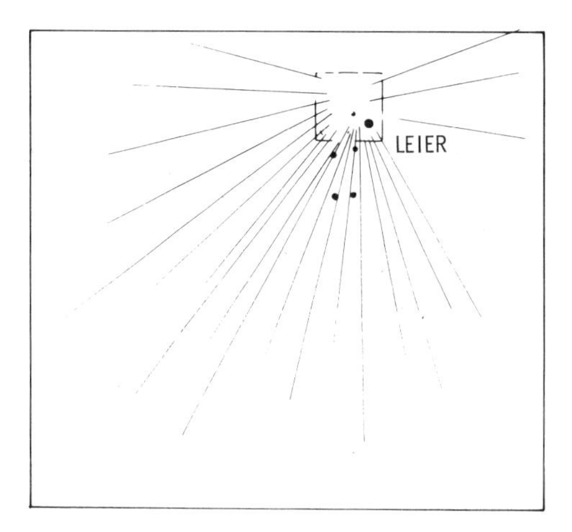

Abb. 60. Die Bahnspuren der Meteore scheinen sich in einem kleinen Gebiet im Sternbild der Leier zu treffen – dem Radianten oder Fluchtpunkt.

September

Sonnenlauf

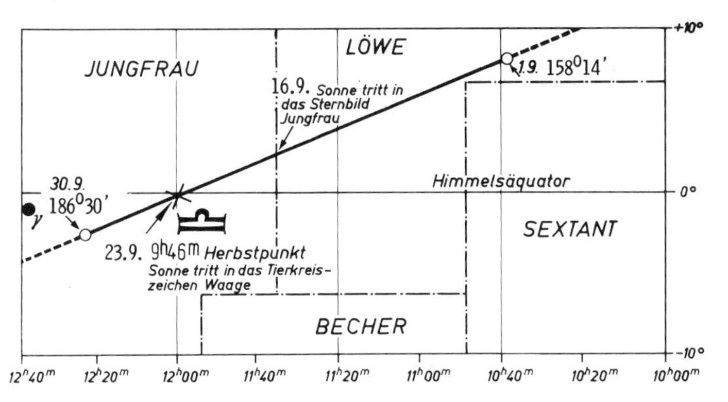

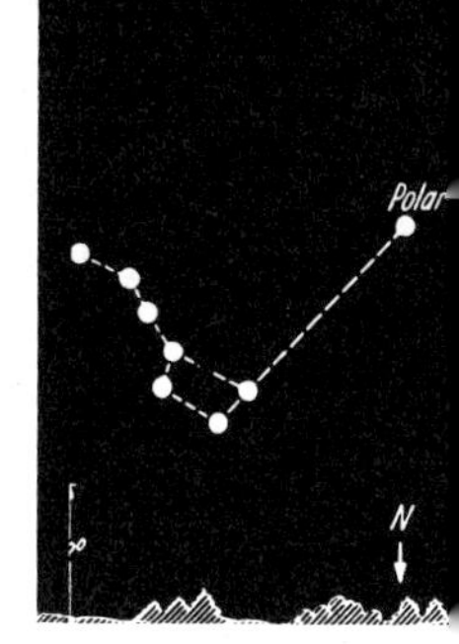

Himmelswagen
Anfang Sept. 22h

Tages- und Nachtstunden im September

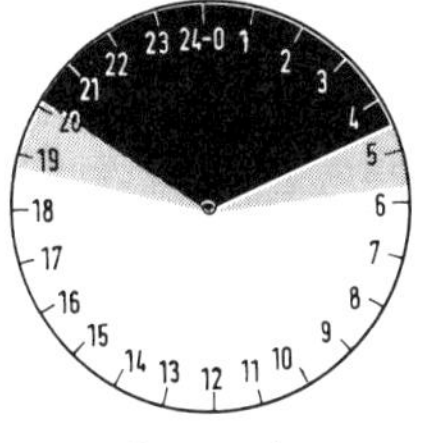

5. September

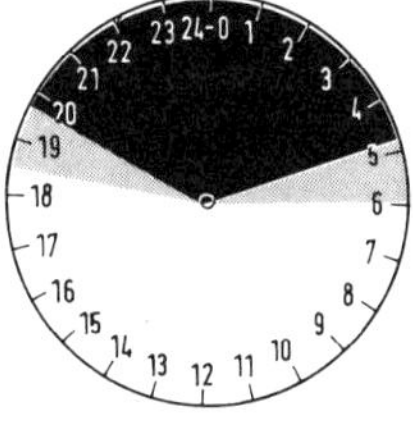

15. September

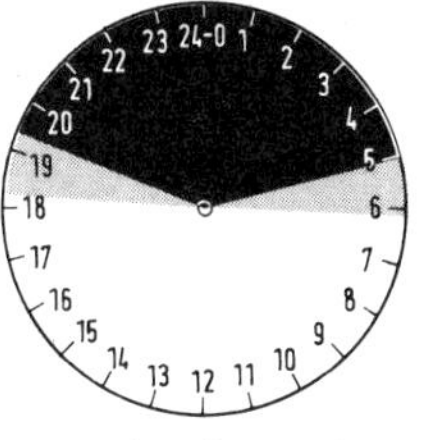

25. September

Sonne

Dat.	*Aufg.*	*Unterg.*	*Kulmin.*	*Rektas.*	*Deklin.*	*Sternzeit*
03.	5^h37^m	19^h01^m	12^h19^m	10^h47^m	+ 7°,8	22^h47^m
08.	5 45	18 50	12 18	11 05	+ 5 ,9	23 07
13.	5 52	18 39	12 16	11 23	+ 4 ,0	23 27
18.	5 59	18 28	12 14	11 41	+ 2 ,1	23 46
23.	6 07	18 17	12 12	11 59	+ 0 ,1	0 06
28.	6 15	18 06	12 11	12 17	− 1 ,8	0 26

Julianisches Datum am 1. September, 1^h MEZ: 2 445 213.5

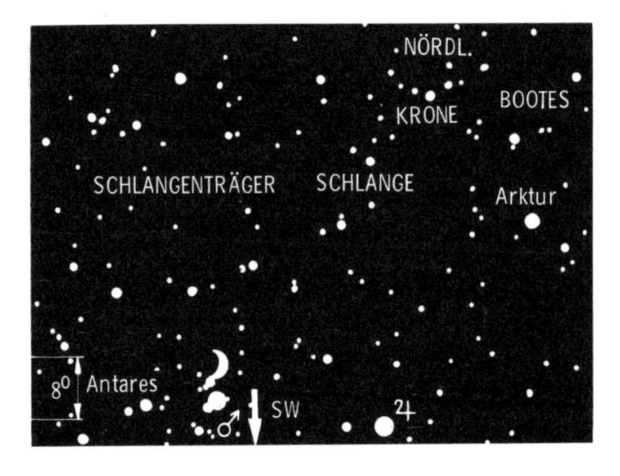

Abb. 61. Himmelsanblick am 22. 9. gegen 19^h20^m MEZ.

September

Mondlauf im September

Dat.	*Aufg.*	*Unterg.*	*Rektas.*	*Deklin.*	*Sterne und Sternbilder*	*Phase*	*MEZ*
Mi 1.	18^h37^m	2^h50^m	20^h50^m	$-20°,2$	Steinbock		
Do 2.	19 04	3 56	21 40	−17 ,4			
Fr 3.	19 28	5 05	22 30	−13 ,8	Wassermann	**Vollmond**	13^h28^m
Sa 4.	19 50	6 15	23 19	− 9 ,4			
So 5.	20 10	7 27	0 07	− 4 ,6	Fische	Größte Südbreite Libration Ost	
Mo 6.	20 31	8 39	0 56	+ 0 ,5	Walfisch		
Di 7.	20 53	9 53	1 45	+ 5 ,6	Fische		
Mi 8.	21 19	11 09	2 36	+10 ,6	Widder		
Do 9.	21 50	12 26	3 29	+15 ,1	Stier		
Fr 10.	22 29	13 42	4 25	+18 ,8	*Aldebaran	**Letztes Viertel**	18^h19^m
Sa 11.	23 18	14 54	5 24	+21 ,5			
So 12.	− −	15 58	6 25	+22 ,9	Zwillinge	Aufsteigender Knoten	
Mo 13.	0 19	16 51	7 27	+22 ,7	Kastor, Pollux	Erdnähe	
Di 14.	1 30	17 33	8 29	+21 ,1	*Krebs, Krippe		
Mi 15.	2 48	18 07	9 28	+18 ,2	Löwe		
Do 16.	4 07	18 34	10 26	+14 ,1	Regulus		
Fr 17.	5 26	18 58	11 20	+ 9 ,3		**Neumond**	13^h09^m
Sa 18.	6 43	19 19	12 12	+ 4 ,1	Jungfrau	Größte Nordbreite	
So 19.	7 58	19 40	13 02	− 1 ,2	Spika	Libration West	
Mo 20.	9 10	20 02	13 51	− 6 ,3			
Di 21.	10 21	20 25	14 40	−11 ,0	Waage		
Mi 22.	11 30	20 51	15 28	−15 ,1			
Do 23.	12 36	21 22	16 18	−18 ,5	*Skorpion, Antares		
Fr 24.	13 37	21 59	17 08	−21 ,0	Schlangenträger		
Sa 25.	14 33	22 44	17 59	−22 ,6	*Schütze	**Erstes Viertel** Erdferne Absteigender Knoten	5^h07^m
So 26.	15 22	23 36	18 50	−23 ,1			
Mo 27.	16 03	− −	19 42	−22 ,6			
Di 28.	16 38	0 35	20 33	−21 ,1	Steinbock		
Mi 29.	17 06	1 40	21 24	−18 ,6			
Do 30.	17 31	2 48	22 13	−15 ,2	Wassermann		

Planetenlauf im September

Merkur steht am 6. in größter östlicher Elongation. Mit 27° Abstand von der Sonne sollte man meinen, den schnellen Planeten am Abendhimmel zu erhaschen. Aufgrund der flachen Lage der Sonnenbahn am westlichen Abendhimmel geht Merkur jedoch am 6. nur rund eine halbe Stunde nach der Sonne unter. Mit $0^m,5$ Helligkeit bietet sich leider keine Sichtbarkeitschance.

Venus beendet im September ihre Morgensichtbarkeit. Sie läuft durch den Löwen und erreicht wieder geringere Deklinationen. Ihr Aufgang verspätet sich dadurch beträchtlich: steigt sie zu Monatsbeginn um 3^h58^m über den Horizont, so taucht sie am 30. erst um 5^h25^m auf, zu einer Zeit, in der die Dämmerung sie kaum mehr erkennen läßt. Am 7. passiert Venus Regulus nur 0°,7 nördlich.

Mars hat die Jungfrau verlassen und wandert durch die Waage in den Skorpion, wo er am 22. Uranus 1°,5 südlich überholt. Mars ist jetzt nur noch Stern erster Größe und in den horizontnahen Dunstschichten wenig auffallend. Untergang am 1. um 21^h09^m, am 30. um 20^h08^m.

Jupiter kann als Beobachtungsobjekt vom Programm gestrichen werden. Zwar kann man ihn noch in der früher einsetzenden Abenddämmerung im Westen beobachten, aber in den horizontnahen Dunstschichten sind Fernrohrbeobachtungen nicht empfehlenswert. Zu Monatsbeginn geht Jupiter um 20^h56^m, am Monatsende schon um 19^h13^m unter.

Jupiter verläßt im Laufe des Monats nun für zwölf Jahre die Jungfrau und wechselt in die

Waage. Am 20. geht die schmale Sichel des zunehmenden Mondes abends 4° nördlich an Jupiter vorbei.

Saturn zieht sich endgültig vom Nachthimmel zurück. Am 1. geht er um 20^h31^m unter, höchstens zwanzig Minuten vorher wird er in der Abenddämmerung erst sichtbar. Ab dem 9. lohnt es nicht mehr, nach dem Ringplaneten Ausschau zu halten. Die dritte Konjunktion mit Spika am 21. bleibt unbeobachtbar.

Uranus ist als Beobachtungsobjekt zu streichen. Die volle Dunkelheit (Ende der astronomischen Dämmerung) setzt am 1. um 21^h04^m ein; zu diesem Zeitpunkt steht Uranus schon tief im Südwesten (−20°11' Deklination!). Der Uranusuntergang erfolgt am 1. um 21^h52^m.

Neptun beendet seine Rückläufigkeit am 6., die Oppositionszeit ist vorbei. Ab diesem Datum wandert er gemächlich wieder rechtläufig durch den Schlangenträger. Die Beobachtungssituation wird zunehmend ungünstiger. Mitte September geht er bereits um 22^h26^m unter, ist also nur noch rund eine Stunde lang am Abendhimmel zu beobachten.

Vesta kommt am 23. zum Stillstand und wird rechtläufig.

Periodische Sternschnuppenströme im September

In der ersten Septemberhälfte (Maximum um 12. September) sind die Pisciden (Radiant in den Fischen) günstig zwischen 21^h und 4^h morgens beobachtbar.

Konstellationen und Ereignisse im September

Dat.	*MEZ*	*Ereignis*
6.	2^h	Neptun im Stillstand, anschließend rechtläufig
6.	5	Merkur in größter östlicher Elongation (27°)
9.	6	Venus im Perihel
18.	23	Mond bei Merkur, Mond 10° nördlich
19.	8	Merkur im Stillstand, anschließend rückläufig
19.	11	Mond bei Saturn, Mond 3° nördlich
20.	20	Mond bei Jupiter, Mond 4° nördlich
22.	14	Mars bei Uranus, Mars 1°,5 südlich
22.	15	Mond bei Uranus und Mars, Mond 3° nördlich von Uranus und 5° nördlich von Mars
23.	9^h46^m	Sonne im Herbstpunkt, Tagundnachtgleiche
24.	14	Mond bei Neptun, Mond 0°,07 (!) nördlich

Der Fixsternhimmel im September

Noch vermittelt der Blick zum klaren Firmament den Eindruck des Sommers. Allerdings hat sich die Szenerie der Sommersternbilder inzwischen nach Westen verschoben, der Skorpion mit dem hellen, roten Antares ist gar schon untergegangen, während im Osten der Aufmarsch der Herbststernbilder beginnt.

Der Himmelswagen ist nach Nordwesten herabgesunken, das Himmels-W, die Kassiopeia, dafür emporgestiegen. Den Helligkeitsschwerpunkt bestimmt nach wie vor das Sommerdreieck mit Wega, Deneb und Atair. Der Schwan mit dem schönen Sternenhintergrund der Milchstraße steht fast im Zenit. Neben dem Adler stößt man im Meridian auf das kleine, aber einprägsame Sternbild Delphin.

Tief im Süden kulminiert gerade der Steinbock, ein nicht sehr auffälliges Tierkreisbild. Flankiert wird der Steinbock von seinen ausgedehnten und lichtschwachen „Tierkreiskollegen" Schütze im Westen und Wassermann im Osten.

Günstige Beobachtungsbedingungen vorausgesetzt, kann man südlich des Steinbocks in unseren Breiten sogar das Sternbild Mikroskop (lat.: Microscopium) erspähen. Das

September

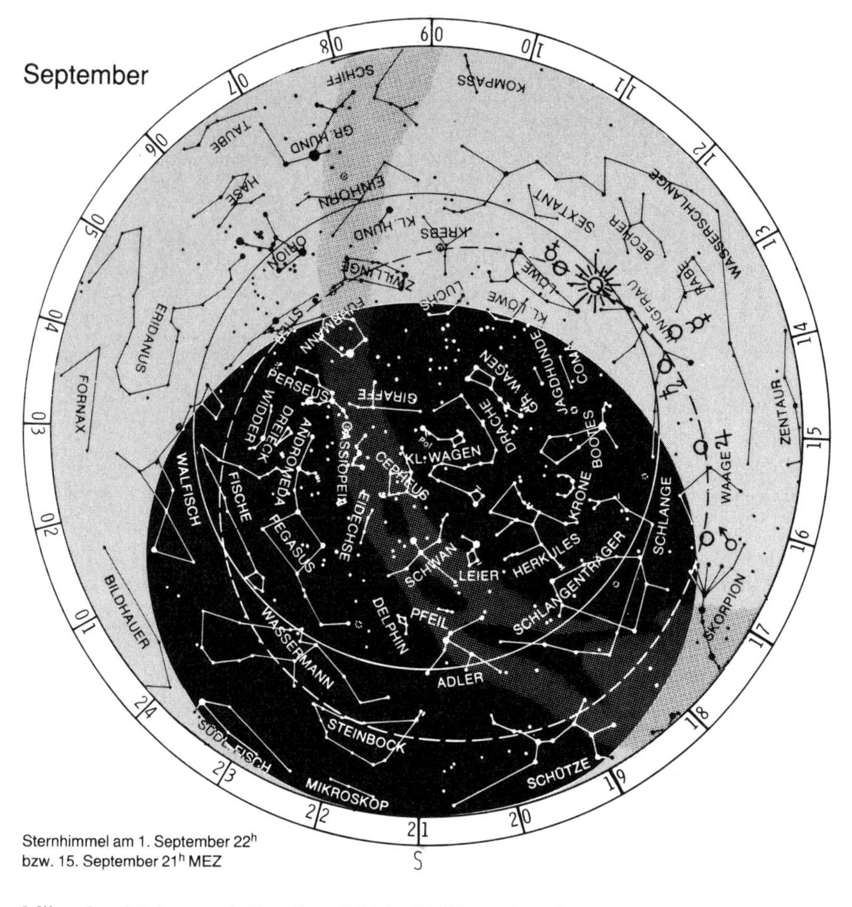

Sternhimmel am 1. September 22^h
bzw. 15. September 21^h MEZ

Mikroskop ist ein neuzeitliches Sternbild des Südhimmels und wurde von dem französischen Astronomen Nicolas Louis de Lacaille (1713–1762) eingeführt. Tief im Südosten blinkt ein Stern erster Größe: Fomalhaut im Südlichen Fisch.

Das Pegasusquadrat hat sich den Osthimmel erobert, gefolgt von der Sternenkette der Andromeda. Im Westen steht Herkules, südlich von ihm der Schlangenträger mit der Schlange. Tief im Westen erkennt man noch Arktur im Bootes.

Aus der Sagenwelt der Sternbilder: Der Steinbock

Es ist überraschend, wieviele Völker in den Sternen dieses Himmelsareals einen Ziegenbock sahen. Die Perser sprachen von Bahi (auch Nahi), die Türken von Ughlah, die Syrer von Gadjo und die Araber von Al Jady. Alle Namen haben die gleiche Bedeutung, nämlich Ziegenbock.

Der klassischen Sage nach, vom griechischen Astronomen Eratosthenes berichtet, verwandelte sich der Waldgott (Hirtengott) Pan in einen Steinbock, um sich vor dem Riesen Typhon zu verstecken. Typhon gilt als Gott des Urwassers.

Ähnlich lautet die ägyptische Version: In panischer Angst vor der Annäherung des Monsters Typhon sprang Pan in den Nil. Sein Körper soll halb Ziegenbock, halb Fisch gewesen sein. Auch aus dem alten Babylon dringt die Kunde vom Ziegenfisch. In vielen Darstellungen endet der Körper des Steinbocks als Schwanz eines Fisches, so auf einem Fragment eines babylonischen Planisphärium aus dem 12. vorchristlichen Jahrhundert, das im Britischen Museum in London aufbewahrt wird. Auch eine Silberschale aus Burma, auf der der brahmanische Tierkreis eingraviert ist, zeigt ein Wesen halb Fisch, halb Ziege. Das Tierkreissymbol ♑ für den Steinbock deutet denn auch die Anfangsbuchstaben τϱ des griechischen Wortes τϱάγος (Ziegenbock) an.

Bei den Römern war eindeutig von capricornus (Steinbock) die Rede. Sueton berichtet in seiner Lebensbeschreibung des Augustus, daß der Steinbock auf die Silbermünzen des Kaisers geprägt war, um daran zu erinnern, daß Augustus unter diesem Zeichen geboren wurde. Bei Numa Pompilius, dem zweiten legendären König von Rom (715 – 673 v. u. Z.) begann das Jahr, wenn die Sonne genau in der Mitte des Steinbocks stand, und die Tageslänge eine halbe Stunde nach der Wintersonnenwende zugenommen hatte.

Beim römischen Geschichtsschreiber Caesius wird das Sternbild Steinbock als Apostel Simon Zelotes bezeichnet.

Als „Tor der Götter" wurde dieses Sternenareal angesehen, durch das die Seelen schreiten, wenn sie ihre menschlichen Körper verlassen haben und in den Himmel aufgestiegen sind (der Abstieg erfolgt im Gebiet des Krebses, siehe Seite 46).

Bei den Hindus sprach man von Makara, der Antilope, manchmal auch von einem Flußpferd (Hippopotamos), später von Sim-Shu-Marh, dem Krokodil.

Abb. 62. Bahn des Kleinplaneten Vesta im Sternbild Steinbock um die Oppositionszeit 1982.

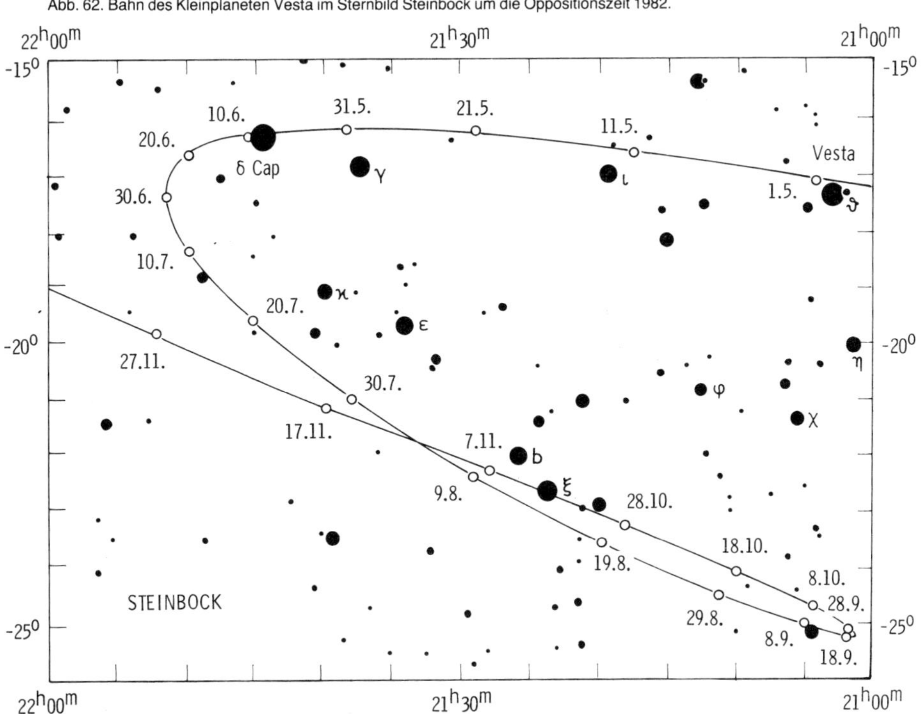

September

Die Azteken nannten dieses Bild Cipactli, die Figur des Narwals.
Im chinesischen Tierkreis markierten diese Sterne einen Stier. In älteren Zeiten sahen die Chinesen in den drei Bildern Wassermann, Steinbock und Schütze das Bild des Schwarzen Kriegers, in dem sich im Jahre –2449 fünf Planeten versammelten.
Die Bezeichnung „Südliches Tor der Sonne" erinnert daran, daß einst das Wintersolstitium (Winterpunkt) in diesem Bild lag. Durch die Präzessionsbewegung der Erde liegt der Winterpunkt inzwischen im Schützen nahe des Sternes μ. Die Bezeichnung Wendekreis des Steinbocks stammt aus dieser Zeit. Heute wandert die Sonne vom 19. Januar bis 15. Februar durch den Steinbock.

Veränderliche Sterne im September

Algol-Minima	$1^d20^h04^m$	$16^d04^h07^m$	$19^d00^h56^m$	$21^d21^h44^m$		
β-Lyrae-Minima	13^d15^h	26^d13^h				
δ-Cephei-Maxima	1^d22^h	7^d06^h	12^d15^h	17^d24^h	23^d09^h	28^d18^h
Mira-Helligkeit	ca. 5^m, fallend					

Monatsthema

Ein Besuch auf der Sternwarte

Viele mögen schon den Wunsch verspürt haben, einmal auf einer richtigen Sternwarte einen Blick durch ein leistungsfähiges Fernrohr auf die Wunderwelten des Kosmos zu werfen. Gerade im Herbst ist die Zeit besonders günstig, dem Gedanken die Tat folgen zu lassen: die Dunkelheit setzt früher ein, das Wetter ist oft besonders klar. Dies sind zwei wichtige, beachtenswerte Punkte, denn auch das beste Teleskop nützt wenig, wenn der Himmel von Wolken bedeckt oder es noch taghell ist. Man möge bitte über diesen Hinweis nicht lachen: Immer wieder glauben einige Zeitgenossen, die Mitarbeiter auf der Sternwarte könnten mit ihrem „Instrument" auch tagsüber oder bei Regenschauer die Sterne „demonstrieren". Sie verwechseln dabei eine Sternwarte mit einem Planetarium (siehe Monatsthema Oktober: Sternentheater Planetarium).
Also, dunkel muß es sein und der Himmel wolkenlos. Im übrigen erkundigt man sich am besten vorher telefonisch, wann die Sternwarte für das Publikum zugänglich ist (siehe Seite 124, Verzeichnis der Sternwarten).
Ein weiterer Gesichtspunkt ist der Mond. Der Laie wird vom Anblick der Oberfläche unseres Nachbarn im All fast immer entzückt sein: bizarre Landschaften im gleißenden Sonnenlicht, in pechschwarze Schatten eingebettete, helle Gebirgszüge. Man warte jedoch nicht bis Vollmond, denn die Lichtgrenze (Terminator) ist immer die interessanteste Gegend. Die Mondsichel ist daher besonders reizvoll.
Vorher sollte man aber das Himmelsjahr zur Hand nehmen und sich über den Planetenstand informieren. Nicht immer hat man Glück und sieht die Ringe des Saturn, die Wolkenstreifen des Jupiter, die Polkappen des Mars oder die Sichel der Venus. Auch ferne Planeten lasse man sich zeigen, wie Uranus, Neptun oder Pluto. Der äußerste Planet allerdings kann nur mit sehr leistungsfähigen Teleskopen erspäht werden, über die nicht jede Volkssternwarte verfügt.
Wer hat schon einmal Kleinplaneten zu Gesicht bekommen? Auf der Sternwarte wird's möglich. Außer Mond und Planeten gibt es noch andere interessante Himmelsobjekte näher ins Visier zu nehmen: Doppelsterne, offene und kugelförmige Sternhaufen, Gasnebel, ferne Milchstraßensysteme. Manch einer hat Schwierigkeiten, die unterschiedlichen

Abb. 63. Hauptkuppel der Schwäbischen Sternwarte in Stuttgart.

Farben der Sterne zu erkennen. Man betrachte einmal helle Sterne durch ein Teleskop: die blau-weiße Wega, den orange-gelben Arktur und den tiefroten Antares beispielsweise! Zwar sind auch im Teleskop bei stärkster Vergrößerung keine Oberflächeneinzelheiten bei Fixsternen zu erkennen, aber das imposante Beugungsbild einer hellen Sonne prägt sich im Gedächtnis ein und vermittelt eine Ahnung von der Gewalt des Atomfeuers, das die Sterne nährt.

Apropos Vergrößerung: Wer nach der „Vergrößerung" des Teleskops fragt, gibt sich auf der Sternwarte sofort als Laie zu erkennen. Durch die Wahl verschiedener Okulare kann man die Vergrößerung des Teleskops verändern. Die Vergrößerungszahl stellt keinen Maßstab für die Leistungsfähigkeit, die „Stärke" eines Teleskops dar. Die dafür interessante Zahl gibt der Objektivdurchmesser an. Je größer das Objektiv, desto höher die Auflösung (Trennschärfe) und desto größer auch die Lichtstärke. Der Objektivdurchmesser („freie Öffnung") wird auch heute noch traditionsgemäß in Zoll angegeben. Ein Sternfreund ist stolz auf seinen neuen „Achtzöller", d. h. er hat ein Teleskop mit 20 cm Objektivdurchmesser erworben; der 5 m-Spiegel auf dem Palomar-Observatorium wird als 200-Zöller angesprochen. Ferner ist noch die Objektivbrennweite interessant; sie bestimmt den Abbildungsmaßstab. Das Öffnungsverhältnis (Objektivdurchmesser zu Objektivbrennweite) wiederum gibt die Lichtstärke der Fernrohroptik an.

Die Mitarbeiter der Sternwarte freuen sich, wenn die Besucher das Fernrohr nicht berühren, denn es ist „parallaktisch montiert", d. h. eine Drehachse ist parallel der Erdachse gelagert. Ein Antrieb sorgt für den Ausgleich der Erddrehung, das Fernrohr wird „nachgeführt", es bewegt sich wie der Zeiger einer Uhr. Hält man sich daran fest, wird die Bewegung gestört, das eben eingestellte Himmelsobjekt wandert aus dem Gesichtsfeld heraus und der nächste Besucher sieht nichts mehr.

Bei vielen Sternwarten sind ehrenamtliche Mitarbeiter tätig, die neben ihrem Hauptberuf Astronomie als Hobby betreiben. Sie freuen sich über das Interesse der Besucher und sind meist gerne bereit, Fragen zu beantworten oder ein zusätzliches Objekt zu zeigen, das nicht im Führungsprogramm vorgesehen war.

Da sich der Himmelsanblick ständig ändert, lohnt es sich, die Sternwarte öfter zu besuchen, sagen wir, etwa alle Vierteljahre einmal. Dann hat sich der Anblick des Fixsternhimmels gemäß der Jahreszeit gewandelt, neue Planeten sind vielleicht aufgetaucht oder gar ein unvorhergesehener Komet. Mal ist der Mond da, dann wieder nicht, was den Vorteil hat, daß dann lichtschwache Objekte wie Nebel und Galaxien zu beobachten sind.

Viele Sternwarten bieten neben den Führungen am Fernrohr noch Lichtbildervorträge, astronomische Kurse und Praktika an, die jedermann offenstehen. Noch nie auf einer Sternwarte gewesen zu sein, ist aber sicher als kulturelles Manko zu verbuchen.

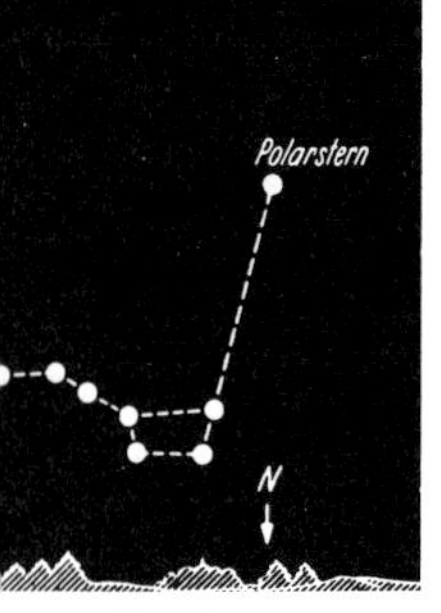

Himmelswagen
Anfang Okt. 22^h

Oktober

Sonnenlauf

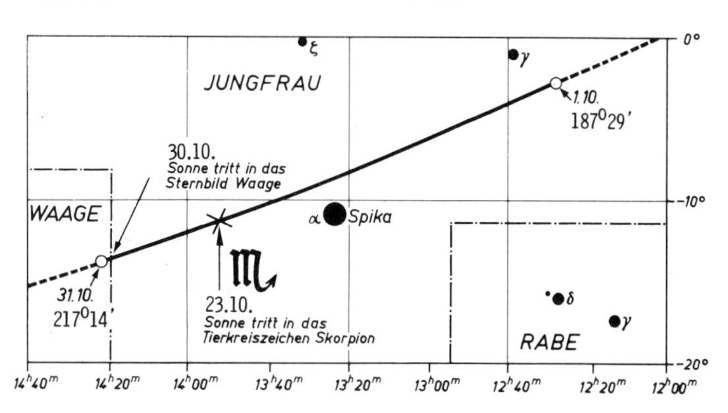

Tages- und Nachtstunden im Oktober

Sonne

Dat.	*Aufg.*	*Unterg.*	*Kulmin.*	*Rektas.*	*Deklin.*	*Sternzeit*
03.	6^h22^m	17^h55^m	12^h09^m	12^h35^m	− 3°,7	0^h45^m
08.	6 30	17 45	12 08	12 53	− 5 ,7	1 05
13.	6 38	17 34	12 06	13 11	− 7 ,6	1 25
18.	6 46	17 24	12 05	13 30	− 9 ,4	1 45
23.	6 54	17 14	12 04	13 49	−11 ,2	2 04
28.	7 02	17 05	12 04	14 08	−12 ,9	2 24

Julianisches Datum am 1. Oktober, 1^h MEZ: 2 445 243.5

Abb. 64. Himmelsanblick am 15. 10. gegen 5^h40^m MEZ.

Mondlauf im Oktober

Dat.	*Aufg.*	*Unterg.*	*Rektas.*	*Deklin.*	*Sterne und Sternbilder*	*Phase*	*MEZ*
Fr 1.	17^h53^m	3^h58^m	23^h03^m	$-11°,0$	Wassermann	Libration Ost	
Sa 2.	18 14	5 10	23 51	− 6 ,2	Fische	Größte Südbreite	
So 3.	18 35	6 24	0 40	− 1 ,1	Walfisch	**Vollmond**	2^h08^m
Mo 4.	18 57	7 39	1 30	+ 4 ,2	Fische		
Di 5.	19 21	8 57	2 22	+ 9 ,4	Widder		
Mi 6.	19 51	10 15	3 15	+14 ,2			
Do 7.	20 27	11 33	4 12	+18 ,3	*Stier		
Fr 8.	21 13	12 47	5 10	+21 ,2			
Sa 9.	22 10	13 54	6 11	+22 ,9	*Zwillinge	Erdnähe	
						Aufsteigender Knoten	
So 10.	23 17	14 49	7 13	+23 ,2		**Letztes Viertel**	0^h26^m
Mo 11.	– –	15 34	8 14	+21 ,9	Krebs		
Di 12.	0 32	16 09	9 13	+19 ,3			
Mi 13.	1 49	16 37	10 09	+15 ,6	Löwe, Regulus		
Do 14.	3 07	17 01	11 03	+11 ,0			
Fr 15.	4 23	17 23	11 55	+ 6 ,0	Jungfrau	Größte Nordbreite	
Sa 16.	5 38	17 43	12 44	+ 0 ,7			
So 17.	6 51	18 03	13 33	− 4 ,5	Spika	**Neumond**	1^h04^m
						Libration West	
Mo 18.	8 03	18 25	14 22	− 9 ,5	Waage		
Di 19.	9 13	18 50	15 11	−13 ,9			
Mi 20.	10 21	19 19	16 00	−17 ,6	Skorpion		
Do 21.	11 26	19 54	16 50	−20 ,5	Schlangenträger		
Fr 22.	12 25	20 35	17 41	−22 ,4	Schütze	Absteigender Knoten	
Sa 23.	13 17	21 24	18 33	−23 ,3		Erdferne	
So 24.	14 01	22 20	19 25	−23 ,2			
Mo 25.	14 38	23 22	20 16	−22 ,0	Steinbock	**Erstes Viertel**	1^h08^m
Di 26.	15 08	– –	21 06	−19 ,8			
Mi 27.	15 34	0 29	21 56	−16 ,7	Wassermann		
Do 28.	15 57	1 37	22 44	−12 ,8			
Fr 29.	16 17	2 48	23 33	− 8 ,3		Libration Ost	
Sa 30.	16 38	4 01	0 21	− 3 ,2	Fische	Größte Südbreite	
So 31.	16 59	5 17	1 11	+ 2 ,2	Walfisch		

Planetenlauf im Oktober

Merkur wird in diesem Monat Morgenstern. Nach seiner unteren Konjunktion am 2. erreicht er rasch immer größere Abstände von der Sonne. Geübte Beobachter sollten ihn ab 10. im Osten entdecken. Am 12. geht Merkur fast 1½ Stunden vor der Sonne auf, zudem steht die Ekliptik steil. Wer noch nie den flinken Merkur gesehen hat, sollte es Mitte Oktober am Morgenhimmel versuchen! Seine größte westliche Elongation (18°) erreicht Merkur am 17., seine Helligkeit ist inzwischen über $0^m,0$ angestiegen. Bis 27. noch gut zu sehen, verschwindet er zu Monatsende vom Morgenhimmel (siehe auch Graphik „Merkursichtbarkeit" auf Seite 94). Am 29. passiert Merkur Spika in 4° nördlichem Abstand.

Venus kommt zwar in diesem Monat noch nicht in obere Konjunktion, ist aber bereits so sonnennahe, daß sie nur unter besonders günstigen Sichtbedingungen in der ersten Woche knapp vor Sonnenaufgang im Osten ausgemacht werden kann. Damit ist ihre Morgensichtbarkeitsperiode endgültig abgeschlossen.

Mars kann sich immer noch am Abendhimmel behaupten – wegen der früher einsetzenden Dämmerung. Er bewegt sich durch die südlichen Gefilde der Ekliptik (Schlangenträger und Schütze). Nach Sonnenuntergang sollte man ihn im Südwesten suchen. Am 3. ist er 3° nördlich von Antares zu finden.

Jupiter in der Waage kann unter sehr günstigen Sichtbedingungen allenfalls noch bis Monatsmitte im Westen nach Ende der bürgerlichen Dämmerung horizontnah ausgemacht

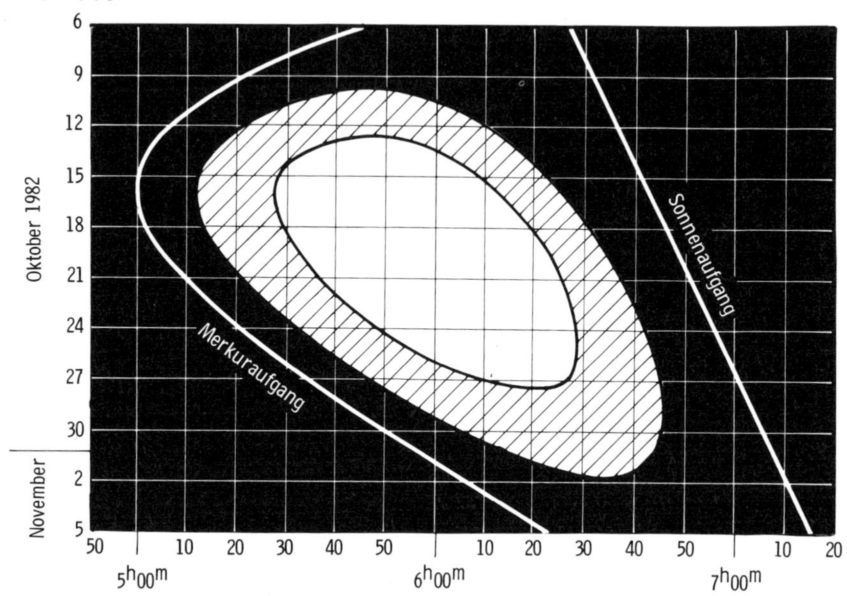

Abb. 65. Sichtbarkeitsdiagramm von Merkur (Erklärung siehe Abb. 17 auf Seite 28).

Abb. 66. Stellung von Merkur eine Stunde vor Sonnenaufgang (1) und zu Sonnenaufgang (2) am Tag der größten Elongation (17. Oktober).

werden. Am 15. geht er um 18^h21^m unter, die bürgerliche Dämmerung ist um 18^h05^m zu Ende.

Saturn bleibt im Oktober unbeobachtbar, da er am 18. in Konjunktion mit der Sonne kommt.

Uranus im Skorpion bleibt unbeobachtbar. Zu Monatsbeginn erfolgt sein Untergang um 19^h57^m, also nur zehn Minuten nach Beginn seiner theoretischen Sichtbarkeit zu Dämmerungsende.

Neptun, theoretisch zu Monatsbeginn vor seinem Untergang um 21^h24^m noch im Teleskop zu sehen, ist ab Monatsmitte als Beobachtungsobjekt zu streichen.

Pluto sei erwähnt, da er am 20. in Konjunktion mit der Sonne steht.

Periodische Sternschnuppenströme im Oktober

Die Orioniden, deren Ursprung auf den Halleyschen Kometen deutet, sind vom 14. bis 28. Oktober zu erwarten. Es handelt sich um schnelle Sternschnuppen (um 60 km/s); im Maximum (um den 21. Oktober) sind etwa 30 bis 40 Sternschnuppen pro Stunde zu zählen. Die Frequenz ist von Jahr zu Jahr sehr unterschiedlich. Beobachtungszeit: Mitternacht bis 5^h morgens.

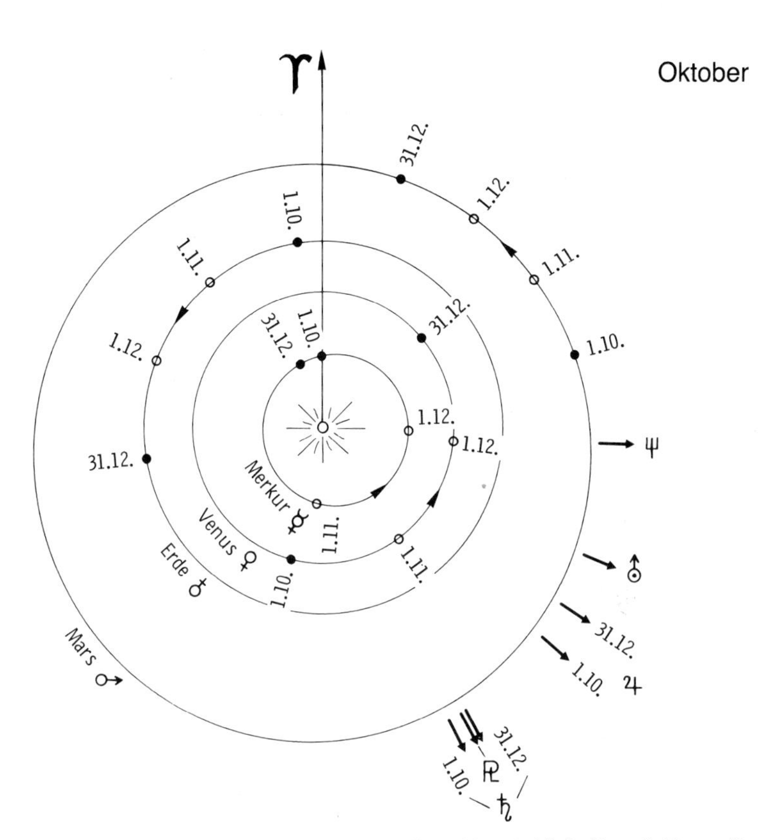

Abb. 67. Das innere Planetensystem im letzten Jahresviertel 1982. Eingezeichnet sind die Positionen der Planeten für den 1. Oktober, 1. November sowie für den 1. und 31. Dezember. Die Pfeile deuten die Richtung zu den fernen Planeten sowie zum Frühlingspunkt an.

Die Giacobiniden, nach dem Ursprungskomet Giacobini – Zinner (1900 III) benannt, tauchen vom 7. bis 11. Oktober in der Zeit von 19^h bis 2^h morgens auf. Da ihr Radiant im Sternbild Drache liegt, spricht man auch von den Drakoniden. In den Jahren 1933 und 1946 sorgten die Drakoniden für ergiebige Schauer. Mit Überraschungen in den 80er Jahren ist zu rechnen.

Konstellationen und Ereignisse im Oktober

Dat.	*MEZ*	*Ereignis*
2.	7^h	Merkur in unterer Konjunktion mit der Sonne
10.	14	Merkur im Stillstand, anschließend rechtläufig
14.	0	Merkur im Perihel
15.	12	Mond bei Merkur, Mond 4° nördlich
17.	19	Merkur größte westliche Elongation (18°)
18.	16	Mond bei Jupiter, Mond 3° nördlich
18.	22	Saturn in Konjunktion mit der Sonne
20.	2	Mond bei Uranus, Mond 3° nördlich
20.	15	Pluto in Konjunktion mit der Sonne
21.	18	Mond bei Mars, Mond 3° nördlich
21.	23	Mond bei Neptun, Mond 0°,2 südlich
25.	7	Mars bei Neptun, Mars 3° südlich

Oktober

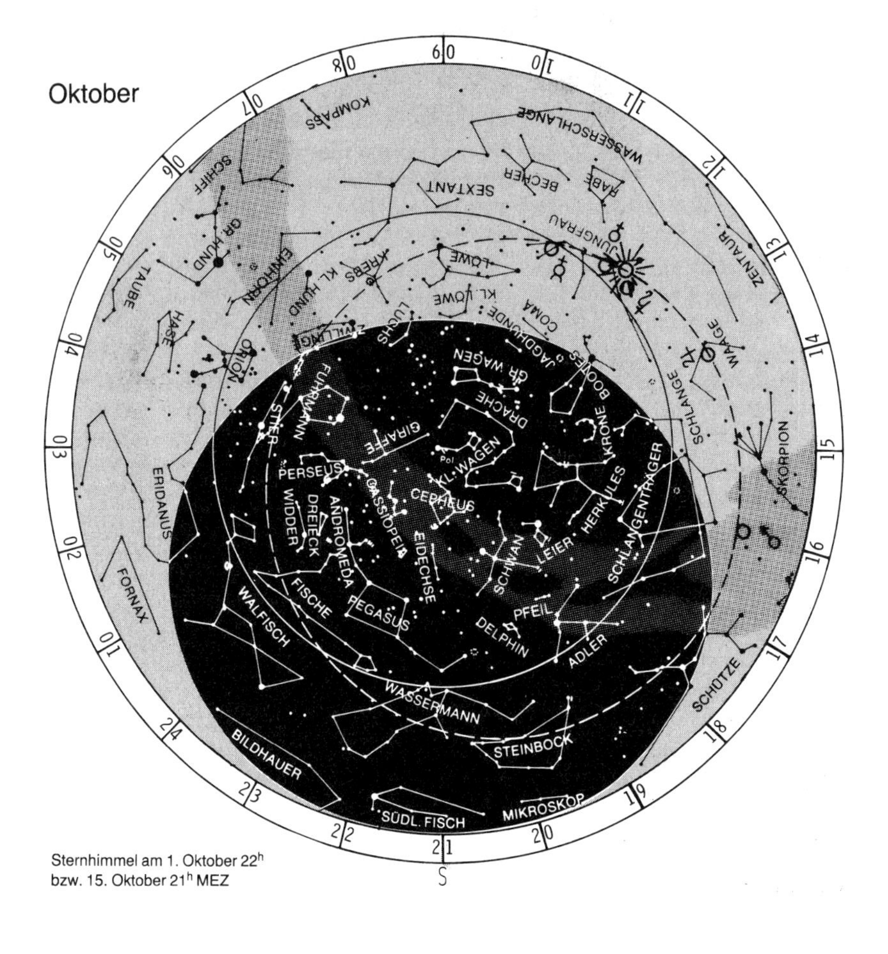

Sternhimmel am 1. Oktober 22^h
bzw. 15. Oktober 21^h MEZ

Der Fixsternhimmel im Oktober

Der Herbsthimmel hat seinen Einzug gehalten, wenn man auch den Eindruck gewinnt, daß die Sommersternbilder nicht weichen wollen. Dies liegt zum einen daran, daß jetzt durch die früher einsetzende Dämmerung der Sternfreund auch eher zu beobachten beginnt. Um die Änderung im Himmelsanblick zu bemerken, muß man aber stets die gleiche Zeit wählen, nämlich am Monatsbeginn 22^h bzw. zur Monatsmitte 21^h. Zum anderen steht das Sommerdreieck Wega – Deneb – Atair noch hoch im Westen. Die drei Sterne erster Größe fallen natürlich stark ins Gewicht, vor allem, wenn man bedenkt, daß sich die Herbstbilder nur aus Sternen zweiter Größenklasse und schwächer zusammensetzen.

Aber typische Sommerbilder wie der Skorpion mit dem hellen, roten Antares und der Schütze sind bereits unter dem Horizont verschwunden. Auch Arktur ist schon untergegangen. Der Große Wagen ist tief im Norden, nahe dem Horizont zu entdecken. Dafür springt das Himmels-W, die Kassiopeia, hoch im Nordosten dem Betrachter förmlich ins Auge. Die mittlere Spitze des Sternen-W deutet bekanntlich auf den Polarstern, der als letzter Deichselstern des Kleinen Wagens fungiert. Der Kleine Wagen ist viel schwerer zu

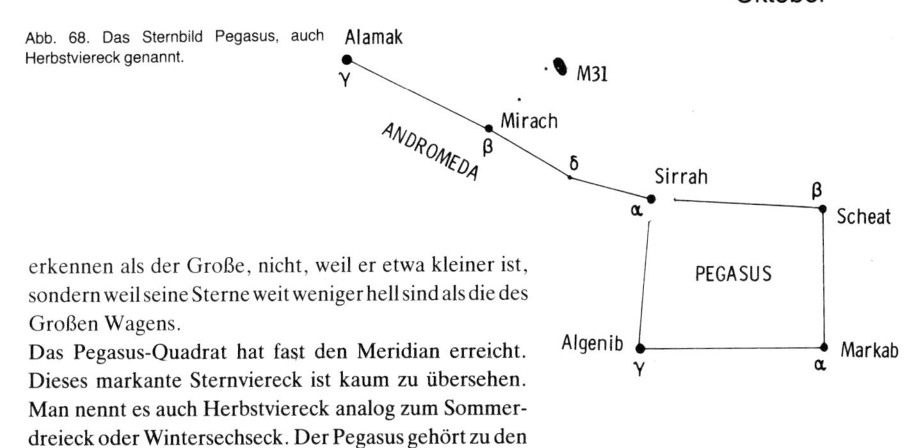

Abb. 68. Das Sternbild Pegasus, auch Herbstviereck genannt.

erkennen als der Große, nicht, weil er etwa kleiner ist, sondern weil seine Sterne weit weniger hell sind als die des Großen Wagens.
Das Pegasus-Quadrat hat fast den Meridian erreicht. Dieses markante Sternviereck ist kaum zu übersehen. Man nennt es auch Herbstviereck analog zum Sommerdreieck oder Wintersechseck. Der Pegasus gehört zu den „einfachsten" Sternbildern, die man auf Anhieb erkennt. Der Sage nach ist Pegasus das geflügelte Pferd, das den Poeten ihre Gedankenflüge ermöglicht. Die vier Sterne des Herbstvierecks heißen Markab, Scheat, Algenib und Sirrah, wobei Sirrah selbst nicht mehr zum Pegasus gehört, sondern schon der erste Stern der Andromeda ist (α And), die aus einer Kette von vier Sternen gebildet wird. In der Andromeda entdeckt man – gute Beobachtungsbedingungen vorausgesetzt – ein wenig nördlich des Sternes Mirach (β And) den berühmten Andromedanebel (Katalogbezeichnung: M31), unsere Nachbarmilchstraße. Das Licht der Sterne des Andromedanebels ist rund 2,5 Millionen Jahre bis zur Erde unterwegs. Er ist praktisch das fernste Himmelsobjekt, das mit bloßem Auge zu sehen ist. Südlich der Andromeda steht das Tierkreisbild Widder. Zwischen Widder und Andromeda hat das kleine Sternbild Dreieck seinen Platz. Östlich der Andromeda ist ihr Retter zu finden, der strahlende Held Perseus. Im Perseus steht der Bedeckungsveränderliche Algol, ein ideales Übungsobjekt für diejenigen Sternfreunde, die sich der Beobachtung veränderlicher Sterne widmen wollen.
Da wir schon bei den Veränderlichen sind: den Südosten nimmt der ausgedehnte Walfisch (Cetus) ein, mit dem berühmten Veränderlichen Mira Ceti. Seine Helligkeit schwankt zwischen 3. und 9. Sterngröße in rund 330 Tagen, d. h. zeitweise ist Mira überhaupt nicht zu sehen. Entdeckt wurde dieser Stern im Jahre 1596 von dem ostfriesischen Landpfarrer David Fabricius. Er nannte ihn Mira stella, was seltsamer oder verwunderlicher Stern heißt. Hoch im Osten hat sich der Fuhrmann (lat. Auriga) mit der hellen Kapella breitgemacht. Kapella gehört mit +0,2 Größenklassen zu den hellsten Sternen des Himmels und hat ungefähr die gleiche Oberflächentemperatur wie unsere Sonne, aber etwa den zehnfachen Durchmesser. Sie ist 46 Lichtjahre entfernt.
Tief im Osten ist bereits der Stier mit dem hellen, roten Aldebaran und dem Siebengestirn, den Plejaden, aufgegangen – ein erster Vorbote des kommenden Winters. Als kulminierendes Tierkreisbild ist der Wassermann (lat.: Aquarius) zu nennen. Ebenfalls durch den Meridian wandert tief im Süden der Südliche Fisch (lat.: Piscis Austrinus). Von seinen Sternen ist nur Fomalhaut gut zu sehen, während die anderen meist vom Horizontdunst verschluckt werden. Als unscheinbares Sternbild sei die Eidechse (lat.: Lacerta) genannt. Sie steht nun im Zenit und damit beobachtungsgünstig.

Oktober

Veränderliche Sterne im Oktober

Algol-Minima	$6^d05^h48^m$	$9^d02^h37^m$	$11^d23^h25^m$	$14^d20^h14^m$	$29^d04^h18^m$	
β-Lyrae-Minima	9^d12^h	22^d10^h				
δ-Cephei-Maxima	4^d02^h	9^d11^h	14^d20^h	20^d05^h	25^d14^h	30^d22^h
Mira-Helligkeit	ca. 7^m, fallend					

Monatsthema

Sternentheater Planetarium

Um es gleich vorwegzunehmen: ein Planetarium ist kein Observatorium, keine Sternwarte. In einem Planetarium werden Sonne, Mond, Sterne und vieles andere durch ein sinnreich konstruiertes Präzisionsinstrument an die Innenseite einer weißen Kuppel projiziert. Damit ist das Prinzip eines Projektionsplanetariums umrissen: der beobachtbare Sternhimmel wird künstlich erzeugt; Vorführungen in einem Planetarium sind daher unabhängig vom Wetter und von der Tageszeit. Selbst bei strahlendem Sonnenschein oder peitschenden Regenschauern sitzt man bequem im dunklen Kuppelraum und bestaunt das „nächtliche" Schauspiel der Sterne.

Der Name „Planetarium" ist mehrdeutig. Einmal bezeichnet man damit das astronomische Institut, in dem die Sternvorführungen stattfinden, als Ganzes. Dann wieder ist mit „Planetarium" das Projektionsgerät selbst in der Kuppelmitte gemeint. Eigentlich müßte man so ein Gerät „Stellarium" nennen, denn es werden neben Sonne und Mond lediglich die fünf mit freiem Auge sichtbaren Planeten Merkur, Venus, Mars, Jupiter und Saturn, dazu aber viele tausend Fixsterne projiziert.

Der Name Planetarium hat historische Wurzeln. Schon früher baute man Apparate, mit deren Hilfe man den Lauf der Planeten demonstrieren konnte. In die Mitte stellte man eine Lichtquelle als Sonne. Um sie herum ließ man, an Gestängen und Getrieben montiert, die Planeten, dargestellt als Kugeln, herumwandern. Solche Geräte nennt man heute „Kopernikanische Planetarien", im Gegensatz zu den modernen „Projektionsplanetarien".

Erdacht und konstruiert wurde der erste Planetariumsprojektor von Walther Bauersfeld (1879 – 1959). Er war Mitarbeiter der Carl-Zeiss-Werke in Jena, die den Auftrag hatten, für das Deutsche Museum in München einen Himmelssimulator zu bauen. Am 21. Oktober 1923 wurde das erste Projektionsplanetarium der Welt in München in Betrieb genommen. Heute gibt es rund 70 Großplanetarien (Kuppeldurchmesser 15 m oder größer) und einige hundert kleinere auf der ganzen Erde.

Das Prinzip eines Projektionsplanetariums ist ebenso einfach wie genial: Das meist hantelförmige Planetariumsinstrument ist mit Projektoren gespickt, die Himmelsobjekte wie Sonne, Mond, Planeten, Fix-

Abb. 69. Prof. Dr. Ing. Dr. Ing. e.h. Walther Bauersfeld (1879–1959), der Erfinder des Projektionsplanetariums.

Abb. 70. Das Planetarium Stuttgart im Mittleren Schloßgarten der Landeshauptstadt.

sterne, Kometen, Sternschnuppen u. a. an die Kuppel projizieren. Durch entsprechende Getriebe läßt sich der Projektor um verschiedene Achsen drehen. Dadurch werden die natürlichen Bewegungen der Gestirne wie Tagesdrehung, Jahreslauf, Präzession etc. im Zeitraffer vorgeführt. Man kann so vergangene und zukünftige Himmelsanblicke „einstellen". Deshalb spricht man auch von der „Zeitmaschine Planetarium".

Beim Zeiss-Planetarium erfolgt die Projektion der Fixsterne durch die beiden Fixsternkugeln an den Enden der Hantel, je eine für den Nord- und für den Südhimmel. Die aufgesetzten kleineren Kugeln dienen zur Darstellung der Sternbildfiguren. Zwischen den Fixsternkugeln befinden sich die Planetenkäfige oder -gerüste. Hier sind die Doppelprojektoren mit ihren komplizierten Getrieben für Sonne, Mond und Planeten untergebracht. Zusätzliche Projektoren erlauben Gradnetze, Ekliptik, Meridian usw. darzustellen.

Die Darstellungsmöglichkeiten eines Planetariums sind unglaublich vielseitig. Selbst Raumflüge können simuliert werden, eine Möglichkeit, die beim Training von Astronauten auch genutzt wird. Moderne Planetarien besitzen heute eine vollautomatische Steuerung für die Sternenreise durch Raum und Zeit. Jährlich werden sie von Hunderttausenden von Besuchern frequentiert. Die Vorführungen sind oftmals ausverkauft, so daß sich rechtzeitige Kartenvorbestellung empfiehlt – vor allem bei längerem Anmarschweg.

In einer einzigen Vorführung kann immer nur ein Teil der vielfältigen Darstellungsmöglichkeiten des Projektors eingesetzt werden. Die meisten Planetarien bieten daher ein ständig wechselndes Programm mit unterschiedlichen Vortragsthemen.

In vielen Sternentheatern – wie Planetarien wegen ihres dramaturgischen Effektes auch bezeichnet werden – werden die Vorführungen von Musik umrahmt. Kommt man zu spät, steht man vor verschlossener Tür. „Nach Beginn kein Einlaß", heißt die Devise fast aller Planetarien der Welt. Auch Kinder unter 6 Jahren sind fehl am Platze. Der Besuch eines Planetariums lohnt sich für jeden und ist sicher ein unvergeßliches Erlebnis (siehe auch Liste der Planetarien auf Seite 124).

Abb. 71. Der Zeiss-Planetariumsprojektor Modell VI A, der modernste seiner Art. Wie eine überdimensionale Hantel wirkt die zweieinhalb Tonnen schwere „Zeitmaschine".

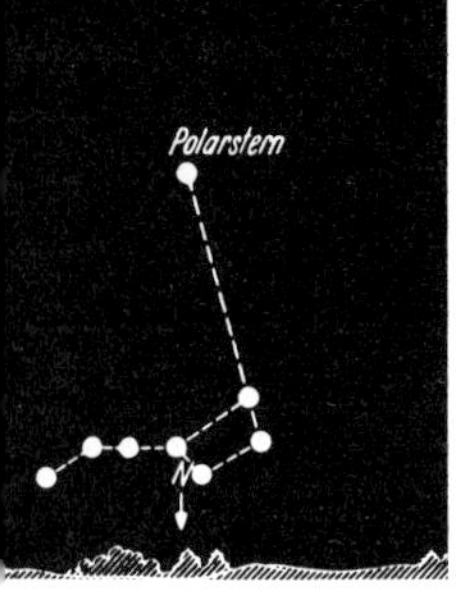

Himmelswagen
Anfang Nov. 22^h

November

Sonnenlauf

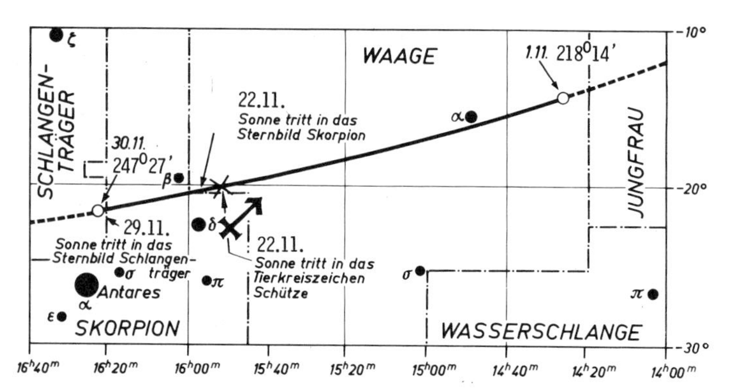

Tages- und Nachtstunden im November

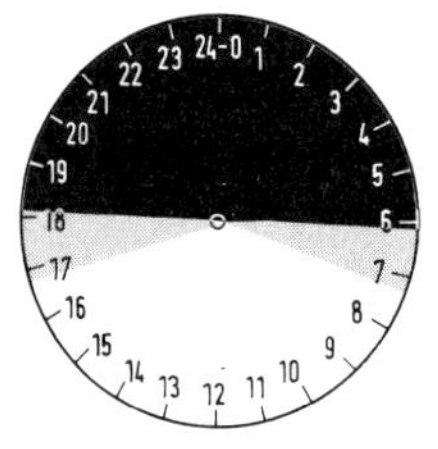

5. November

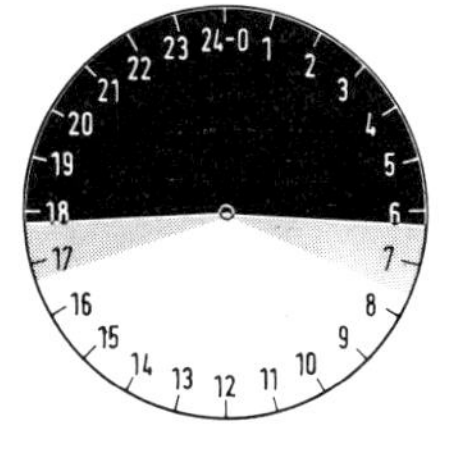

15. November

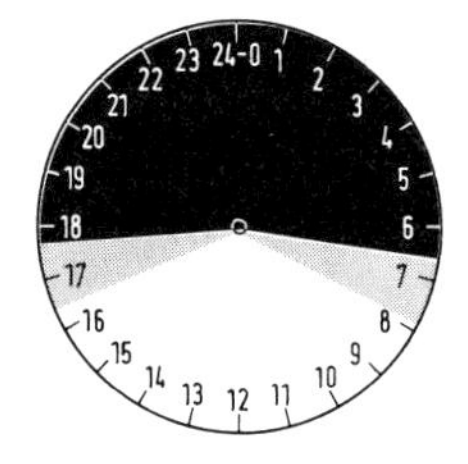

25. November

Sonne

Dat.	*Aufg.*	*Unterg.*	*Kulmin.*	*Rektas.*	*Deklin.*	*Sternzeit*
02.	7^h10^m	16^h56^m	12^h04^m	14^h27^m	$-14°,6$	2^h44^m
07.	7 19	16 48	12 04	14 47	−16 ,1	3 03
12.	7 27	16 41	12 04	15 07	−17 ,5	3 23
17.	7 35	16 34	12 05	15 28	−18 ,8	3 43
22.	7 43	16 29	12 06	15 49	−20 ,0	4 03
27.	7 51	16 24	12 08	16 10	−21 ,0	4 22

Julianisches Datum am 1. November, 1^h MEZ: 2 445 274.5

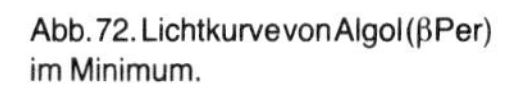

Abb. 72. Lichtkurve von Algol (β Per) im Minimum.

Abb. 73. Lichtkurve von β Lyrae.

Abb. 74. Lichtkurve von δ Cephei.

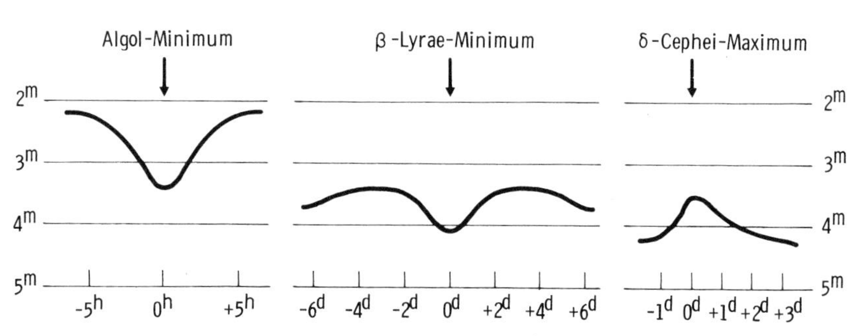

Mondlauf im November

Dat.	*Aufg.*	*Unterg.*	*Rektas.*	*Deklin.*	*Sterne und Sternbilder*	*Phase*	*MEZ*
Mo 1.	17^h22^m	6^h35^m	2^h02^m	$+7°,6$	Fische	**Vollmond**	13^h57^m
Di 2.	17 50	7 55	2 56	+12 ,7	Widder		
Mi 3.	18 24	9 16	3 53	+17 ,2	Stier, Plejaden		
Do 4.	19 07	10 35	4 53	+20 ,7	Aldebaran	Erdnähe	
Fr 5.	20 02	11 47	5 55	+22 ,8		Aufsteigender Knoten	
Sa 6.	21 07	12 48	6 58	+23 ,5	Zwillinge		
So 7.	22 21	13 36	8 00	+22 ,5	Krebs		
Mo 8.	23 38	14 14	9 00	+20 ,2		**Letztes Viertel**	7^h38^m
Di 9.	– –	14 43	9 57	+16 ,7	Löwe		
Mi 10.	0 55	15 08	10 51	+12 ,3			
Do 11.	2 10	15 29	11 42	+ 7 ,4	Jungfrau	Größte Nordbreite	
Fr 12.	3 24	15 49	12 31	+ 2 ,2		Libration West	
Sa 13.	4 36	16 08	13 19	– 3 ,0	Spika		
So 14.	5 47	16 29	14 07	– 8 ,0			
Mo 15.	6 58	16 52	14 55	–12 ,6	Waage	**Neumond**	16^h10^m
Di 16.	8 07	17 18	15 44	–16 ,5			
Mi 17.	9 13	17 50	16 34	–19 ,8	Schlangenträger		
Do 18.	10 15	18 29	17 25	–22 ,0			
Fr 19.	11 11	19 15	18 16	–23 ,3	Schütze	Absteigender Knoten	
Sa 20.	11 58	20 09	19 08	–23 ,5		Erdferne	
So 21.	12 38	21 08	19 59	–22 ,7			
Mo 22.	13 10	22 12	20 50	–20 ,8	*Steinbock		
Di 23.	13 37	23 19	21 39	–18 ,1		**Erstes Viertel**	21^h05^m
Mi 24.	14 00	– –	22 27	–14 ,5	Wassermann		
Do 25.	14 21	0 27	23 15	–10 ,2			
Fr 26.	14 41	1 38	0 02	– 5 ,4	Fische	Größte Südbreite	
						Libration Ost	
Sa 27.	15 00	2 50	0 50	– 0 ,2	Walfisch		
So 28.	15 22	4 06	1 40	+ 5 ,1	Fische		
Mo 29.	15 47	5 25	2 32	+10 ,4	Widder		
Di 30.	16 18	6 47	3 28	+15 ,3	Stier		

Planetenlauf im November

Merkur hat sich vom Morgenhimmel verabschiedet. Am 19. steht er in oberer Konjunktion und bleibt den ganzen Monat hindurch unbeobachtbar.

Venus befindet sich am 4. in oberer Konjunktion mit der Sonne und bleibt deshalb unsichtbar.

Mars im Schützen ist in der Abenddämmerung tief im Südwesten auszumachen. Seine Untergangszeit bleibt den November über ziemlich konstant bei halb acht Uhr abends.

Jupiter kommt am 13. in Konjunktion mit der Sonne. Er steht somit am Taghimmel und bleibt unbeobachtbar.

Saturn taucht wieder am Morgenhimmel auf. Unter extrem günstigen Bedingungen kann der $1^m,0$ helle Ringplanet schon am 4. oder 5. kurz vor Sonnenaufgang im Osten ausgemacht werden. Am 15. geht er bereits um 5^h12^m auf, die nautische Dämmerung bricht aber erst um 6^h17^m an.

Uranus bleibt unbeobachtbar am Taghimmel, da er am 27. in Konjunktion mit der Sonne kommt.

Neptun bleibt unbeobachtbar.

Periodische Sternschnuppenströme im November

Mitte November (13. – 20.) treten die Leoniden am Morgenhimmel in Aktion. Im vorigen Jahrhundert waren sie häufiger als die Perseiden! Ihr Erscheinen wird mit dem Komet

Tempel – Tuttle (1866 I) in Verbindung gebracht. Besonders rege Tätigkeit wurde registriert in den Jahren 1799, 1833, 1866 und 1966. Der Radiant liegt 10° nördlich von Regulus, die Meteorite sind um 75 km/s schnell.
Um den 7. November melden sich die Tauriden. Ihr Radiant liegt im Stier, 2° südlich der Plejaden. Es handelt sich um langsame Sternschnuppen (etwa 30 km/s), darunter einige helle Objekte. Beobachtungszeit: 20^h bis 4^h morgens, etwa 10 bis 20 Meteore pro Stunde.

Konstellationen und Ereignisse im November

Dat.	*MEZ*	*Ereignis*
1.	7^h	Merkur bei Saturn, Merkur 0°,7 südlich
4.	3	Venus in oberer Konjunktion mit der Sonne
13.	15	Jupiter in Konjunktion mit der Sonne
13.	16	Mond bei Saturn, Mond 3° nördlich
18.	9	Mond bei Neptun, Mond 0°,4 südlich
19.	19	Merkur in oberer Konjunktion mit der Sonne
19.	23	Mond bei Mars, Mond 0°,5 nördlich
27.	0	Merkur im Aphel
27.	12	Uranus in Konjunktion mit der Sonne

Der Fixsternhimmel im November

Das Himmels-W hat nun seine höchste Position erreicht und steht zwischen Zenit und Polarstern. Eigentlich macht es jetzt nicht den Eindruck eines großen lateinischen W, es sieht eher wie ein M aus. Die Amerikaner bezeichnen die Kassiopeia daher auch als Himmels-M.
Der Große Wagen kreuzt zwischen Polarstern und Nordpunkt am Horizont den Meridian. Er befindet sich also in „unterer" Kulmination. Bei Zirkumpolarsternbildern wie eben Großer Wagen oder Kassiopeia findet sowohl die obere als auch die untere Kulmination über dem Horizont – und somit beobachtbar – statt. Im Westen ist noch immer das Sommerdreieck zu sehen.
Hoch im Süden erspäht man die Sternbildergruppe Pegasus – Andromeda – Widder – Perseus. Die Fische ziehen gerade durch den Meridian. Sie sind ein schwer zu beobachtendes Sternbild des Tierkreises. Trotzdem sollte man versuchen, sie auszumachen. Dazu ein Hinweis: Man beginne mit der einen Sterngruppe südlich des leicht erkennbaren Pegasus-

Abb. 75. Aufsuchkärtchen von Algol (β Per).

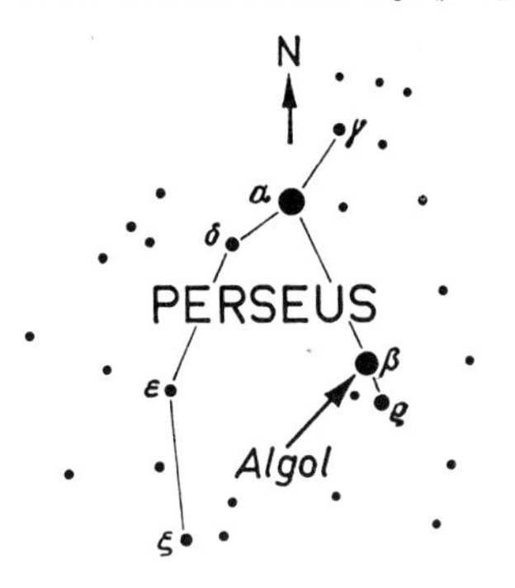

Abb. 76. Aufsuchkärtchen von β Lyrae.

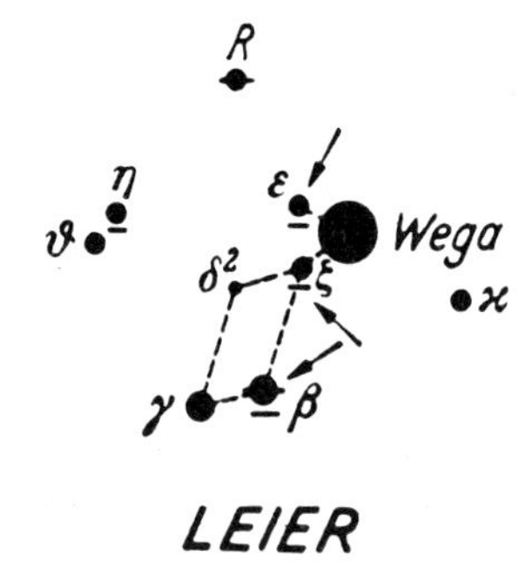

November

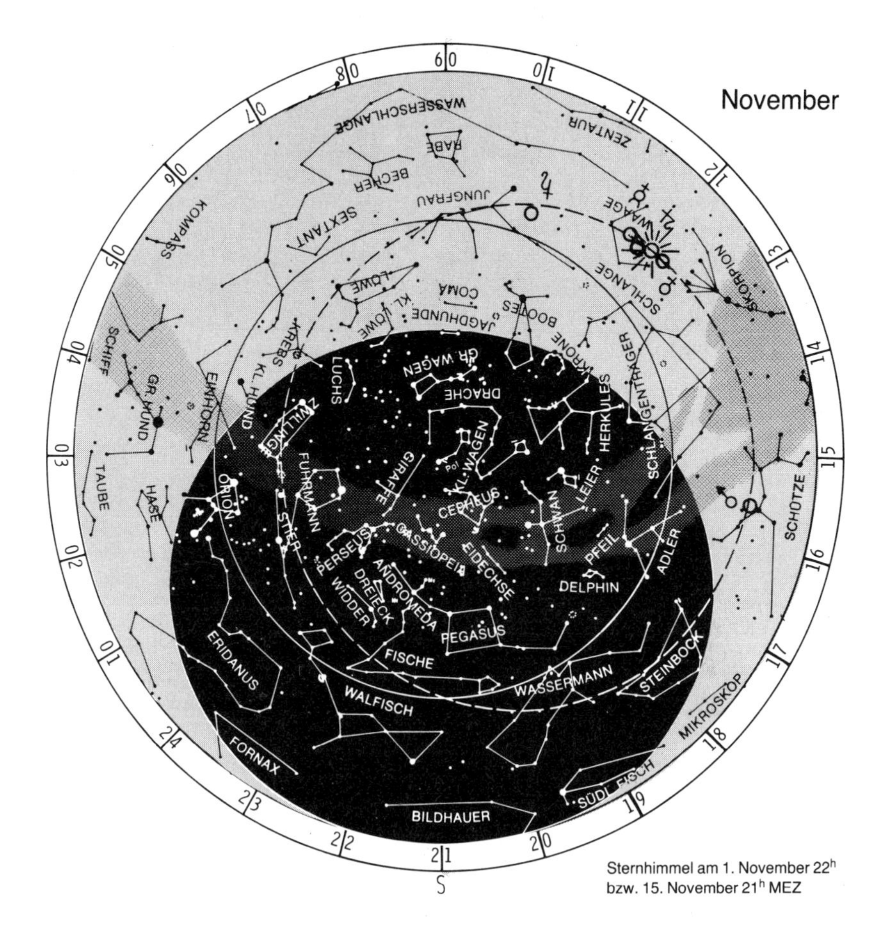

Sternhimmel am 1. November 22^h bzw. 15. November 21^h MEZ

quadrats, die eine kleine Ellipse bildet. Den Südwestquadranten beherrscht der Wassermann. Tief im Südwesten kann man noch Fomalhaut im Südlichen Fisch aufblitzen sehen. Der Südostquadrant ist auch nicht sehr eindrucksvoll. Walfisch und Fluß Eridanus füllen ihn aus. Dafür wird es im Osten lebendig, die Wintersternbilder drängen auf die Himmelsbühne: Fuhrmann, Stier, Orion und Zwillinge sorgen für helle Sterne am Osthimmel. Vom

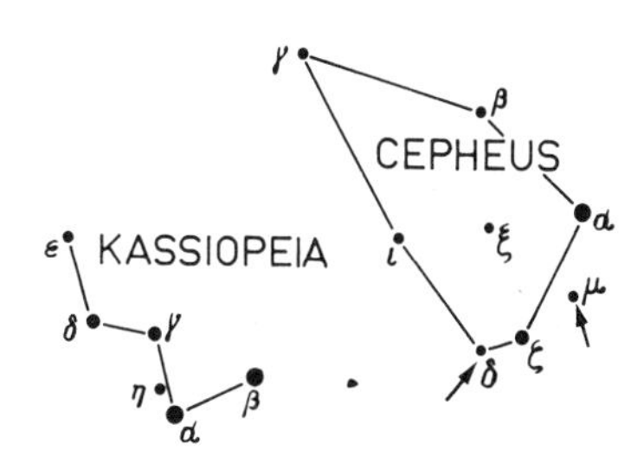

Abb. 77. Aufsuchkärtchen von δ Cephei.

November

Wintersechseck fehlen noch Sirius im Großen Hund und Prokyon im Kleinen Hund. Nur noch wenige Wochen trennen uns von der Wintersonnenwende!

Objekte für Fernrohr und Feldstecher: Für Feldstecherbesitzer stehen jetzt wieder der Andromedanebel (M31) und die beiden offenen Sternhaufen h und χ im Perseus günstig. Etwas weniger bekannt, aber durchaus lohnenswert ist das Objekt NGC 752 (NGC = New General Catalogue of Nebulae and Clusters of Stars = Neuer Generalkatalog der Nebel und Sternhaufen), ein offener Haufen von etwa 70 Sternen. NGC 752 ist ziemlich aufgelockert (schwache Vergrößerung!) und liegt etwa zwischen γ Andromedae und β Trianguli. Schon im Fernglas leicht zu trennen ist δ Orionis, der westliche Gürtelstern. In 53" Distanz steht ein $6^m,9$ heller Begleiter, der wie der Hauptstern blauweiß leuchtet.

Für Besitzer kleiner Teleskope seien zwei Paradedoppelsterne angegeben: γ Andromedae ist mit 10" leicht zu schaffen; Hauptstern $2^m,3$, Begleiter $5^m,1$. Der Farbkontrast erhöht den Reiz dieser Doppelsonne. Die hellere Komponente leuchtet orange, der Begleiter weiß. γ Arietis: hier stehen zwei gleich helle ($4^m,8$), weiße Komponenten in einem Abstand von 8". Als Kugelhaufen sei M15 im Pegasus genannt, der jetzt abends hoch im Süden zu finden ist. M15 ist in der sternarmen Pegasusgegend leicht als nebelhaftes Gebilde von rund 4' Durchmesser mit einem Zweizöller aufzuspüren.

Veränderliche Sterne im November

Algol-Minima	$1^d01^h07^m$	$3^d21^h56^m$	$6^d18^h00^m$	$18^d06^h00^m$	$21^d02^h49^m$	$23^d23^h38^m$
	$26^d20^h27^m$	$29^d17^h16^m$				
β-Lyrae-Minima	4^d09^h	17^d07^h	30^d06^h			
δ-Cephei-Maxima	5^d07^h	10^d16^h	16^d01^h	21^d10^h	26^d18^h	
Mira-Helligkeit	ca. 8^m, fallend					

Monatsthema

Das Leben der Sterne

In alten Zeiten dachte man, die Sterne seien als „überirdische Gebilde“ ewig und unveränderlich. Mit zunehmendem Wissen über die Natur reifte die Erkenntnis, daß auch die Sterne den Gesetzen der Physik unterworfen sind und eine Entwicklung vollziehen: Sie werden aus interstellaren Staub- und Gaswolken geboren, existieren eine bestimmte Zeit und gehen nach Erschöpfung ihrer Energievorräte wieder zugrunde.

Die Sterne sind nicht alle gleichzeitig entstanden, gewissermaßen mit dem Paukenschlag des Urknalls. Auch heute noch werden ständig neue Sterne geboren, andere haben längst ihr Leben ausgehaucht. Der offene Sternhaufen der Plejaden im Stier – auch das Siebengestirn genannt – ist für Feldstecherbesitzer ein bekannter Leckerbissen. Seine Sterne sind noch recht jung. „Jung“ heißt hier etwa 60 Millionen Jahre alt. Zu einer Zeit, als längst die Dinosaurier über die Oberfläche unseres Planeten stapften, gab es die Plejadensterne noch gar nicht. Die Sonne mit ihren Planeten hingegen ist runde fünf Milliarden Jahre alt, also über 80mal so alt wie das Siebengestirn.

Sterne sind heiße Gasbälle, die ständig unvorstellbare Mengen an Energie in Form von Licht und Wärme in das Weltall strahlen. Selbstverständlich muß dieser Energievorrat irgendwann verbraucht sein, jeder Ofen geht einmal aus. Die meiste Zeit seines Lebens verbringt ein Stern in einem stabilen Gleichgewichtszustand. Der Schwerkraft, die den Stern zusammendrücken möchte, hält der Gas- und Strahlungsdruck, der den Stern aufzublähen versucht, die Waage.

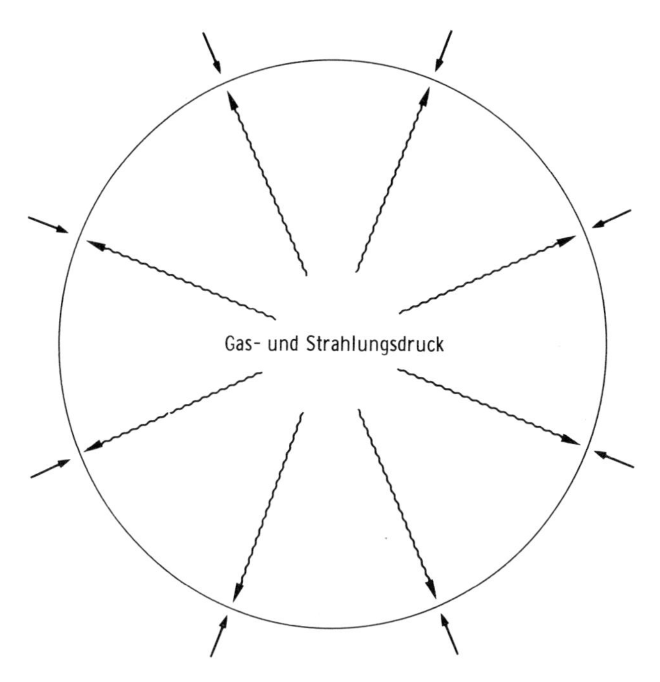

Abb. 78. Lange Zeit seines Lebens ist ein Stern stabil. Die Schwerkraft hält dem Strahlungs- und dem Gasdruck die Waage.

Zwei Probleme waren für die Astro-Physiker zu lösen, um Aufbau und Lebensweg der Sterne beschreiben zu können: Woher nehmen die Sterne ihre gewaltigen Energiemengen, und wie verhält sich die Sternmaterie bei den extrem hohen Temperaturen von vielen Millionen Grad im Sterninneren? Beide Fragen wurden von der Kernphysik beantwortet. Die Fortschritte in der Erforschung des Mikrokosmos förderten somit unser Wissen über den Makrokosmos. Sterne sind gigantische Atommeiler, die zum überwiegenden Teil aus Wasserstoffgas bestehen, dem häufigsten und leichtesten Element im Universum. Tief im Inneren der Sterne werden bei Temperaturen von Millionen Grad Wasserstoffatomkerne zu Heliumatomkernen zusammengebacken oder verschmolzen. Dabei wird ein Teil der Masse in Energie umgewandelt, gemäß der Einstein-Gleichung: Energie = Masse mal Lichtgeschwindigkeitsquadrat. Unsere Sonne verliert so beispielsweise pro Sekunde vier Millionen Tonnen an Masse, die in Energie umgesetzt wird. Diese Atomumwandlung geschieht wie gesagt nur bei sehr hohen Temperaturen im Herzen der Sterne. Die Strahlung muß sich dann ihren Weg nach außen durch den Sternenleib erkämpfen.
Je massereicher ein Stern ist, desto früher ist sein Energievorrat aufgezehrt. Dies klingt zunächst paradox, aber: wer mehr hat, gibt mehr aus. Sterne mit fünf- oder zehnmal soviel

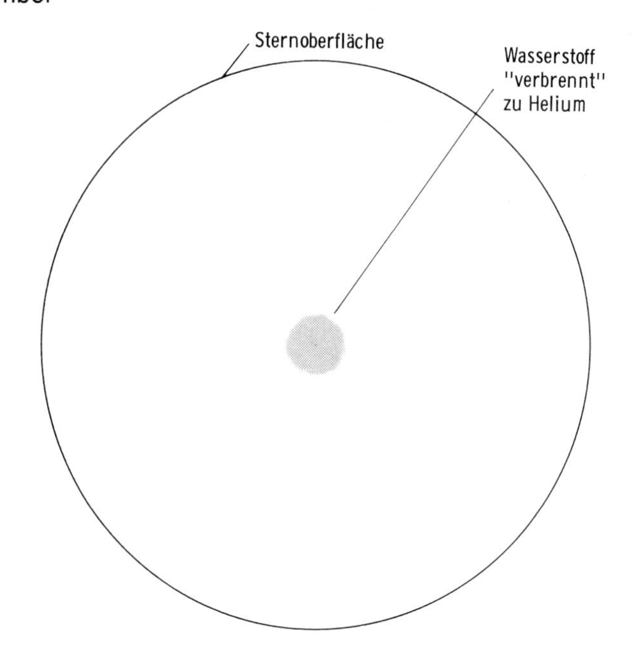

Abb. 79. Das „Atomfeuer", die Umwandlung von Wasserstoff zu Helium, brennt nur in einem kleinen Bereich im Zentrum eines Sternes.

Masse wie unsere Sonne gehen mit ihrem Wasserstoffvorrat viel verschwenderischer um. Durch eine höhere Zentraltemperatur wird das Atomfeuer in ihrem Inneren stärker entfacht, die Umwandlung von Wasserstoff in Helium erfolgt schneller.
Mit der Zeit bildet sich ein Heliumkern. Die Wasserstoffbrennzone wandert nach außen. Durch die Gravitation kollabiert schließlich der Heliumkern ab einer gewissen Größe. Die Zentraltemperatur steigt auf über 100 Millionen Grad, eine neue Energiequelle wird erschlossen: Bei diesen hohen Temperaturen verwandelt sich Helium in Kohlenstoff. Bei massereichen Sternen geht der Prozeß weiter, bis schließlich ein Eisenkern entsteht. Wie Modellrechnungen in schnellen und leistungsfähigen Computern zeigen, wird der Stern dann instabil. Die Vorgänge im Inneren bleiben nicht ohne Auswirkung auf seine Gesamtgröße und die Oberfläche: er beginnt, sich aufzublähen und gleichzeitig abzukühlen. Er wird zu einem roten Riesenstern. Die weiteren Vorgänge werden dann immer komplizierter und sind noch nicht vollständig geklärt. Manche Sterne blasen dann ihre Hülle ins All – ein Ringnebel entsteht. Andere, massereichere detonieren in einer gewaltigen Explosion – als Supernova zu beobachten. Für wenige Stunden oder Tage leuchten sie so hell wie hundert Milliarden Sonnen, die Besetzung einer ganzen Milchstraße.
Je nachdem, wieviel Masse schließlich noch übrigbleibt, enden die Sterne als Weiße

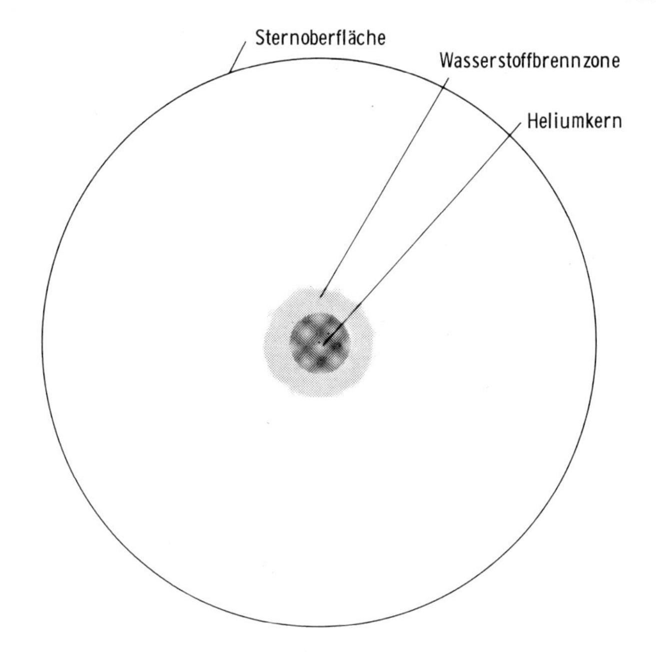

Abb. 80. In späteren Entwicklungsstadien eines Sternes bildet sich ein Heliumkern, sozusagen die „Asche" des Wasserstoffbrennens. Die Energiegewinnung erfolgt nun in einer Kugelschale um den Heliumkern, in der sogenannten Wasserstoffbrennschale. Schließlich zündet bei Temperaturen über 100 Millionen Kelvin auch der Heliumkern. Helium fusioniert dann zu Kohlenstoff.

Zwerge, Neutronensterne oder Kollapsare. Weiße Zwerge erzeugen keine Energie mehr durch Kernfusion, sie kühlen langsam aus, was allerdings Milliarden Jahre dauert. Sie sind sehr klein – etwa planetengroß. Da sie aber etwa die Masse der Sonne besitzen, ist ihre Materie ungeheuer dicht gepackt. Je mehr Masse sie aufweisen, desto kleiner werden sie. Bei einer Grenzmasse von etwa dem 1,4fachen der Sonnenmasse gibt es kein Gleichgewicht mehr. Massereichere Sternleichen kollabieren oft in Form eines Supernova-Ausbruchs zu Neutronensternen, zu Objekten mit der unglaublichen Dichte von Millionen Tonnen pro Kubikzentimeter. Da der Drehimpuls erhalten bleibt, rotieren Neutronensterne in Sekundenschnelle, wobei sie wie Leuchttürme Licht- und Radioblitze ins All schleudern – daher auch die Bezeichnung Pulsare.
Bei mehr als etwa zweifacher Sonnenmasse kann auch der Neutronenbrei eines Pulsars der Gravitation nicht mehr standhalten, das Objekt kollabiert zu einem Schwarzen Loch, aus dessen Schwerkraftschlund sich nicht einmal mehr die Lichtquanten befreien können. Das Objekt wird – wie sein Name erkennen läßt – unsichtbar.

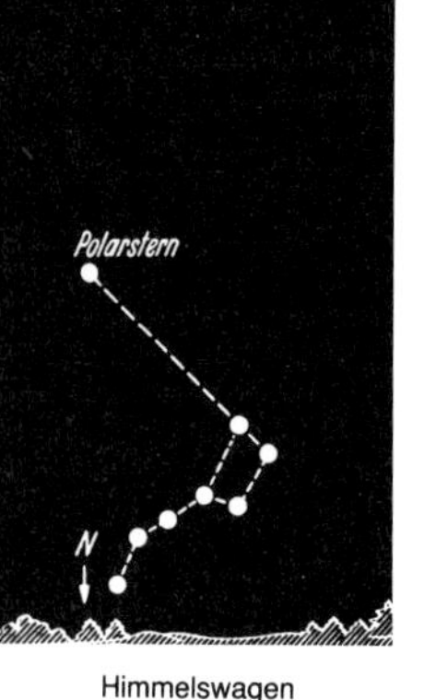

Himmelswagen
Anfang Dez. 22^h

Dezember

Sonnenlauf

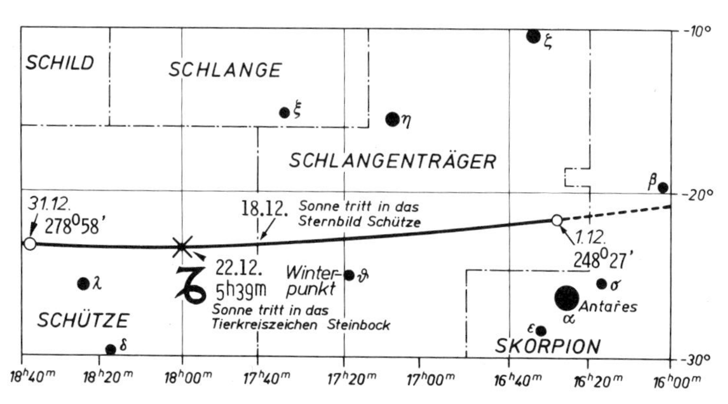

Tages- und Nachtstunden im Dezember

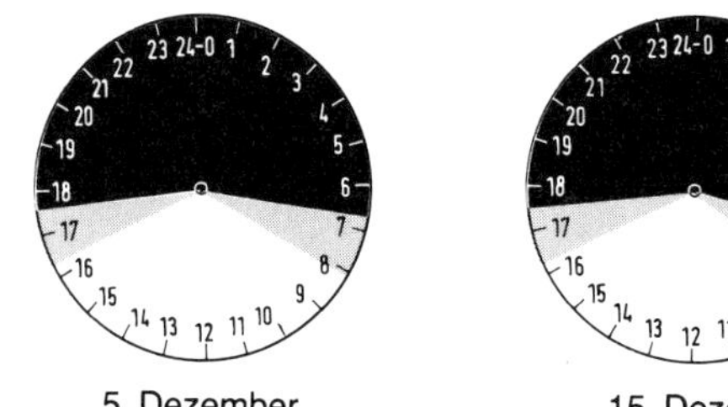

5. Dezember

15. Dezember

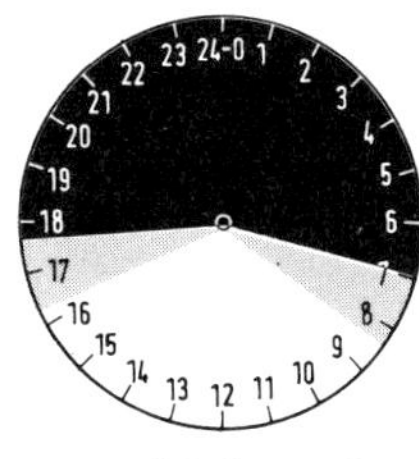

25. Dezember

Sonne

Dat.	*Aufg.*	*Unterg.*	*Kulmin.*	*Rektas.*	*Deklin.*	*Sternzeit*
02.	7^h57^m	16^h21^m	12^h09^m	16^h31^m	$-21°,9$	4^h42^m
07.	8 04	16 19	12 11	16 53	−22 ,5	5 02
12.	8 09	16 18	12 14	17 15	−23 ,0	5 21
17.	8 13	16 19	12 16	17 37	−23 ,3	5 41
22.	8 16	16 21	12 19	17 59	−23 ,4	6 01
27.	8 18	16 24	12 21	18 21	−23 ,4	6 21
31.	8 19	16 27	12 23	18 39	−23 ,1	6 36

Julianisches Datum am 1. Dezember, 1^h MEZ: 2 445 304.5

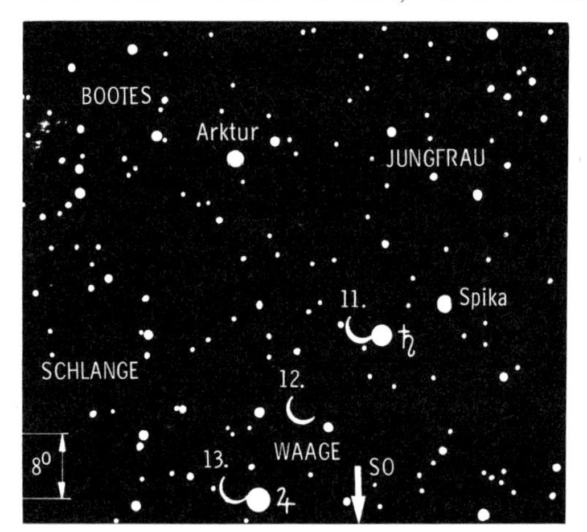

Abb. 81. Himmelsanblick am 11., 12. und 13. 12. gegen 6^h40^m MEZ.

Mondlauf im Dezember

Dat.	*Aufg.*	*Unterg.*	*Rektas.*	*Deklin.*	*Sterne und Sternbilder*	*Phase*	*MEZ*
Mi 1.	16^h57^m	8^h10^m	4^h28^m	$+19^\circ,4$	Aldebaran	**Vollmond**	1^h21^m
Do 2.	17 48	9 28	5 30	+22 ,2	*Stier	Erdnähe Aufsteigender Knoten	
Fr 3.	18 51	10 37	6 35	+23 ,5	Zwillinge		
Sa 4.	20 05	11 33	7 40	+23 ,1	Kastor, Pollux		
So 5.	21 24	12 15	8 43	+21 ,2	Krebs, Krippe		
Mo 6.	22 43	12 48	9 43	+17 ,9	Löwe		
Di 7.	– –	13 14	10 38	+13 ,6	Regulus	**Letztes Viertel**	16^h53^m
Mi 8.	0 00	13 36	11 31	+ 8 ,7			
Do 9.	1 14	13 56	12 20	+ 3 ,6	Jungfrau	Größte Nordbreite Libration West	
Fr 10.	2 26	14 15	13 08	− 1 ,7	Spika		
Sa 11.	3 37	14 35	13 55	− 6 ,7			
So 12.	4 47	14 57	14 43	−11 ,4	Waage		
Mo 13.	5 56	15 21	15 31	−15 ,5			
Di 14.	7 03	15 51	16 20	−18 ,9	Skorpion, Antares		
Mi 15.	8 06	16 26	17 10	−21 ,5	Schlangenträger	**Neumond** Partielle Sonnenfinsternis	10^h18^m
Do 16.	9 04	17 10	18 02	−23 ,1	Schütze	Absteigender Knoten	
Fr 17.	9 55	18 01	18 53	−23 ,6			
Sa 18.	10 37	18 58	19 45	−23 ,1		Erdferne	
So 19.	11 12	20 00	20 35	−21 ,5	*Steinbock		
Mo 20.	11 40	21 06	21 25	−19 ,0			
Di 21.	12 04	22 12	22 13	−15 ,7	Wassermann		
Mi 22.	12 25	23 21	23 00	−11 ,7	*		
Do 23.	12 45	– –	23 46	− 7 ,2	Fische	**Erstes Viertel** Größte Südbreite	15^h17^m
Fr 24.	13 04	0 30	0 33	− 2 ,3	Walfisch	Libration Ost	
Sa 25.	13 23	1 42	1 20	+ 2 ,9	Fische		
So 26.	13 46	2 57	2 10	+ 8 ,2			
Mo 27.	14 12	4 15	3 03	+13 ,2	Widder		
Di 28.	14 46	5 36	3 59	+17 ,6	Stier		
Mi 29.	15 30	6 58	5 00	+21 ,1			
Do 30.	16 28	8 13	6 05	+23 ,1	Zwillinge	**Vollmond** Totale Mondfinsternis Erdnähe Aufsteigender Knoten	12^h33^m
Fr 31.	17 39	9 18	7 11	+23 ,5	Kastor, Pollux		

Planetenlauf im Dezember

Merkur wird zum Jahresende nochmals Abendstern. Am 30. erreicht er die größte östliche Elongation (20°). Ab 24. ist er im Südwesten aufzuspüren und kann theoretisch bis 6. Januar 1983 beobachtet werden. Am 30. geht Merkur um 17^h58^m, die Sonne schon um 16^h26^m unter. Ab 17^h sollte Merkur ohne weiteres sichtbar sein.

Venus gewinnt nur langsam östlichen Abstand von der Sonne, da beide Gestirne sich in gleicher Richtung bewegen. Am letzten Tag des Jahres geht Venus gut eine Stunde nach der Sonne unter (17^h29^m), allein ihre südlichen Deklinationen – sie wandert durch Schlangenträger und Schütze – erfordern extrem gute Sichtbedingungen, um Venus noch im alten Jahr am Abendhimmel aufzuspüren.

Mars kann immer noch nach einbrechender Dunkelheit bis kurz nach 19 Uhr aufgefunden werden. Am letzten Tag des Jahres erfolgt sein Untergang um 19^h38^m.

Jupiter hat seine Konjunktion hinter sich. Erfahrene Sternfreunde können ihn ab Monatsbeginn morgens (Aufgang 6^h40^m, Anfang der bürgerlichen Dämmerung 7^h15^m) im Südosten

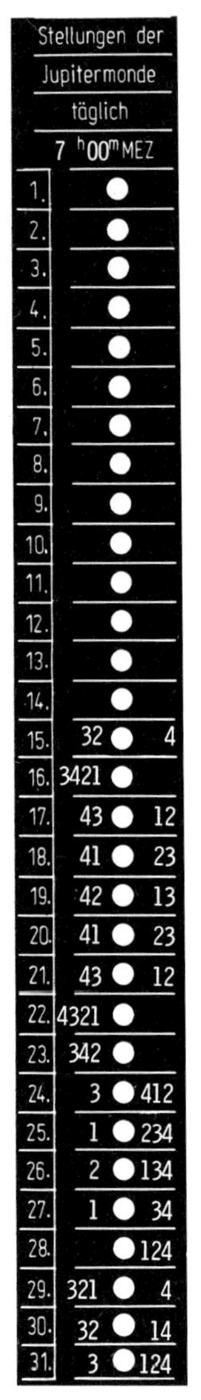

aufsuchen. Zum Jahresende ist er gut zwei Stunden lang Morgenstern. Der Aufgang erfolgt am 31. um 5^h15^m.
Am 13. ist Jupiter nach Aufgang morgens 2° südlich der abnehmenden Mondsichel zu sehen.
Saturn ist Planet am Morgenhimmel und gewinnt an Abstand von der Sonne. Sein Aufgang erfolgt am 1. um 4^h19^m, am letzten Tag des Jahres schon um 2^h35^m. Am 11. zieht der abnehmende Mond 3° nördlich am Ringplaneten vorbei.
Uranus hat seine Konjunktionsstellung erst kurz hinter sich. Zu einer Morgensichtbarkeit reicht es nicht, der ferne Planet bleibt unsichtbar.
Neptun steht am 19. in Konjunktion mit der Sonne. Er verbleibt am Taghimmel und ist somit nachts unbeobachtbar.

Konstellationen und Ereignisse im Dezember

Dat.	*MEZ*	*Ereignis*
8.	14^h	Merkur bei Neptun, Merkur 3° südlich
11.	3	Mond bei Saturn, Mond 3° nördlich
13.	6	Mond bei Jupiter, Mond 2° nördlich
13.	23	Mond bei Uranus, Mond 2° nördlich
15.	—	**Partielle Sonnenfinsternis,** siehe Seite 25
16.	19	Mond bei Merkur, Mond 2° nördlich
19.	1	Neptun in Konjunktion mit der Sonne
19.	2	Mond bei Mars, Mond 1°,6 südlich
21.	16	Mars im Perihel
22.	5^h39^m	Sonne im Winterpunkt, Wintersonnenwende
30.	—	Totale Mondfinsternis, in Mitteleuropa unbeobachtbar
30.	16	Venus im Aphel
30.	20	Merkur in größter östlicher Elongation (20°)

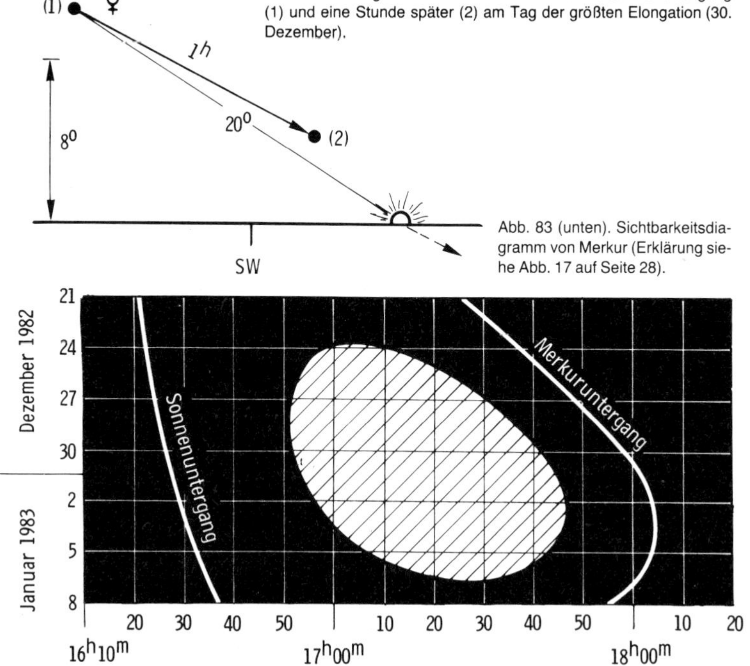

Abb. 82. Stellung von Merkur über dem Horizont zu Sonnenuntergang (1) und eine Stunde später (2) am Tag der größten Elongation (30. Dezember).

Abb. 83 (unten). Sichtbarkeitsdiagramm von Merkur (Erklärung siehe Abb. 17 auf Seite 28).

Dezember

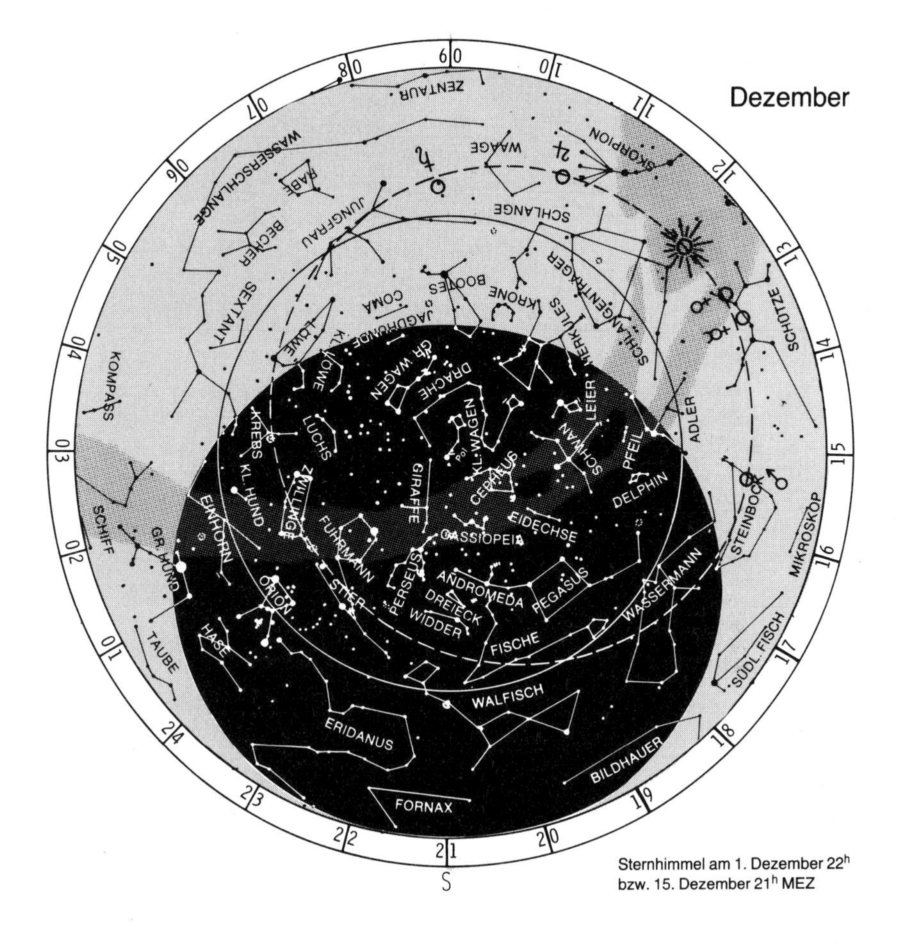

Sternhimmel am 1. Dezember 22^h bzw. 15. Dezember 21^h MEZ

Periodische Sternschnuppenströme im Dezember

Vom 6. bis 17. Dezember sind die Geminiden in der Zeit von 21^h bis 6^h morgens zu sehen. Der Ausstrahlungspunkt liegt 1° südwestlich von Kastor. Im Maximum um den 14. Dezember sind stündlich bis 60 Objekte, darunter auch helle, beobachtbar.

Der Fixsternhimmel im Dezember

Die Herbstbilder bereiten nun ihren Abschied vor. Sie sind alle schon in die westliche Hemisphäre übergewechselt, nur der zenitnahe Perseus hat seinen Meridiandurchgang noch vor sich. Tief im Nordwesten leuchtet die bei uns fast zirkumpolare Wega. Auch der Schwan mit Deneb ist noch in dieser Gegend zu finden.

Der Süden bietet jetzt wenig. Ausgedehnte, aber lichtschwache Sternbilder bevölkern ihn. Vom Westen her gesehen sind es Wassermann, Fische, Walfisch und Fluß Eridanus. Der einzige Lichtblick in dieser Region, der Hauptstern des Südlichen Fisches, Fomalhaut, hat sich schon von der Himmelsbühne verabschiedet und ist im Südwesten untergegangen. Tief im Süden steht das bei uns kaum bekannte Sternbild Fornax (lat. Chemischer Ofen). Dieses

Abb. 84. Sternbild Perseus mit dem fürchterlichen Gorgonenhaupt.

neuzeitliche Sternbild, das Mitte des 18. Jahrhunderts von Lacaille an den Himmel versetzt wurde, hat nur Sterne 4. Größe und schwächer.
Im Unterschied zum wenig attraktiven Südhimmel funkelt der Osthimmel nur so von hellen Sternen. Alle prominenten Wintersternbilder sind bereits über dem Horizont, das komplette Wintersechseck mit Kapella – Pollux – Prokyon – Sirius – Rigel – Aldebaran ist nun sichtbar. Die dominante Figur des Orion kann auch der Anfänger kaum übersehen – ein kurzer Blick nach Südost reicht aus. Ein wenig östlich des Orion, knapp über dem Horizont, ist Sirius bereits erschienen. Sirius, der hellste Stern im Großen Hund und mit −1,6 Größenklassen hellster Fixstern am Himmel überhaupt, ist knapp neun Lichtjahre von uns entfernt. Er gehört damit zu den sonnennächsten Sternen. Die meisten Sterne des Großen Hundes sind allerdings noch nicht aufgegangen.

Aus der Sagenwelt der Sternbilder: Der Perseus
Während sonst die einzelnen Sternbilder ziemlich zusammenhanglos am Himmel angeordnet sind, gehört der Perseus zu einer Gruppe von fünf beieinanderstehenden Bildern, die auf einen gemeinsamen mythologischen Ursprung zurückgehen. Es sind dies: Kassiopeia, Kepheus, Andromeda, Perseus und der Walfisch. Die klassische Sage berichtet: Perseus wurde als Sohn des Götterbosses Zeus und der Danaë, der Urmutter der Hellenen, geboren. Einer alten Weissagung nach sollte sein Großvater Akrisios von Argos von seinem Enkel getötet werden. Akrisios setzte daher Perseus mit seiner Mutter auf dem Meer aus. Die Umhertreibenden strandeten schließlich auf der Insel Seriphos, deren Herrscher Polydektes beide gastlich aufnahm und Perseus großzog. König Polydektes begehrte Danaë zur Frau und schickte deshalb Perseus weg, damit er im Kampf gegen die grauenvollen Gorgonen, drei Schwestern aus dem Geschlecht der Urweltdämonen, unsterblichen Ruhm erlange. Der Anblick der Gorgonen ließ nämlich jeden Sterblichen sofort zu Stein erstarren.
Von guten Wünschen der Götter begleitet, besiegte Perseus die Gorgonen und schlug der Medusa den Kopf ab, den statt der Haare Schlangen bedeckten. Auf dem Heimweg, den Perseus mit Hilfe von geflügelten Schuhen zurücklegte, die ihm der Götterbote Hermes geliehen hatte, tropfte Blut aus dem Gorgonenhaupt auf die Sahara. Die Blutstropfen verwandelten sich in giftige Sandvipern. Nach mancherlei Abenteuern gelangte Perseus schließlich nach Äthiopien, wo er Andromeda, die Tochter des Königspaares Kassiopeia und Kepheus, errettete. Andromeda war an einen Felsen im Ozean angekettet, um einem Meeresungeheuer (Walfisch) zum Fraße zu dienen, das ganz Äthiopien in Angst und Schrecken versetzte. Perseus befreite Andromeda und tötete den Walfisch. Perseus zeugte mit Andromeda einen Sohn, der Perses getauft wurde und nach dem griechischen Geschichtsschreiber Herodot dem Land Persien seinen Namen gab.

Veränderliche Sterne im Dezember

Algol-Minima	$11^d04^h33^m$	$14^d01^h22^m$	$16^d22^h11^m$	$19^d19^h00^m$		
β-Lyrae-Minima	13^d04^h	26^d02^h				
δ-Cephei-Maxima	2^d03^h	7^d12^h	12^d21^h	18^d05^h	23^d14^h	28^d23^h
Mira-Helligkeit	ca. 9^m, kurz vor dem Minimum					

Monatsthema

Der Stern der Weisen

Im nüchternen Zeitalter der Raumfahrt ist man leicht geneigt, die Geschichte des „Sterns von Bethlehem", der den Heiligen Drei Königen aus dem Morgenland den Weg zur Krippe Jesu Christi gewiesen haben soll, als fromme Legende abzutun. Die Frage bleibt jedoch: Gab es zur Zeit von Christi Geburt ein Ereignis am Sternhimmel, das als Stern von Bethlehem gedeutet werden kann?
Wie wir heute wissen, ist den Historikern bei der Bestimmung des Geburtsdatums Christi einst ein Fehler unterlaufen. Nicht im Jahre 0 oder 1 erblickte der Gottessohn das Licht dieser Welt, sondern schon im Jahre −6 astronomischer Zeitrechnung.
War damals ein besonderes Himmelsereignis beobachtet worden – etwa ein heller Komet, ein plötzlich auftauchender neuer Stern (Supernova) oder eine seltene Planetenkonstellation? Nach welchem Phänomen ist zu forschen? Nun, die Erzählung vom Weihnachtsstern als Wegweiser für die frommen drei Könige basiert auf einer Stelle des Matthäus-Evangeliums (2,1). Dort ist allerdings weder die Rede von Königen noch von der Zahl drei, sondern von den „Magiern, die von den Aufgängen" her kamen. „Von den Aufgängen" bedeutet

Abb. 85. Die Schleifenbahnen von Jupiter und Saturn im Sternbild der Fische im Jahre −6; aufgenommen im Planetarium Stuttgart.

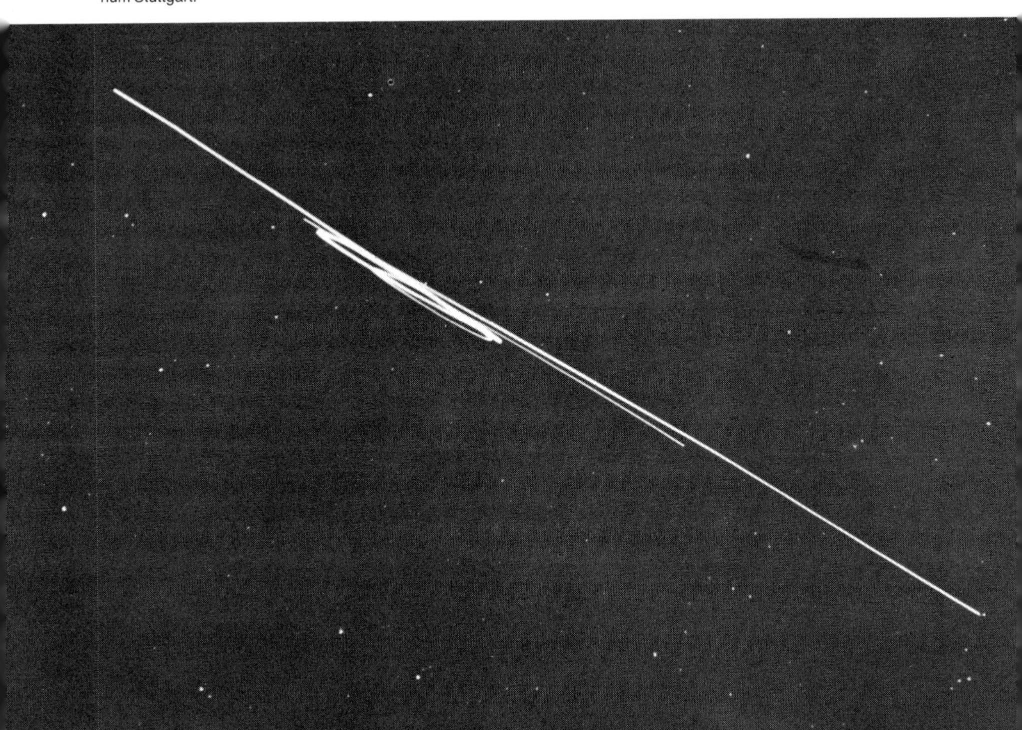

aus dem Osten. Von Palästina aus gesehen lag Babylon in östlicher Richtung. Mit den Magiern sind wahrscheinlich Tempelpriester der Stadtgottheit von Babylon gemeint.
Lange fochten die Gelehrten einen unfruchtbaren Streit, was wohl der Weihnachtsstern gewesen sein mochte. Erst die Entzifferung von Keilschrifttexten auf Tontäfelchen, die einen tieferen Einblick in die spätbabylonische Astronomie und in die Kenntnisse der damaligen Schriftgelehrten ermöglichte, hat eine Version bekräftigt, die schon der bedeutende Astronom Johannes KEPLER (1571–1630) erwähnt: die dreifache Begegnung (Große Konjunktion) der Planeten Jupiter und Saturn im Sternbild der Fische im Jahre −6.
Man muß sich in die Situation damaliger Astronomen hineinversetzen: Sie waren Priester und Wissenschaftler in einer Person. Durch generationenlange Beobachtungen der Gestirne waren sie in der Lage, die Bahnen von Sonne, Mond und Planeten zu berechnen und ihre Positionen vorherzusagen. Die physikalische Natur der Himmelskörper war ihnen unbekannt. Sie sahen in den Gestirnen Götter und Dämonen. Den Lauf der Planeten deuteten sie als Willensäußerungen dieser Gottheiten. Jupiter wurde von den spätbabylonischen Astronomen als Stadtgottheit von Babylon verehrt und hieß bei ihnen Marduk, Saturn (Kewan) wiederum stand für die Israeliten. Der Tierkreis war nach Ländern aufgeteilt. Das Sternbild Fische symbolisierte Palästina. Und nun traf sich Jupiter in den Fischen dreimal mit Saturn, dem König der Juden. Diese Große Konjunktion (ein seltenes Ereignis, siehe Himmelsjahr 1981, Monatsthema Januar) war wohl für sie das Signal, daß ein Thronfolger in Jerusalem zur Welt gekommen sein müsse. So machten sie sich auf die rund tausend Kilometer lange Reise nach Jerusalem, um dem neugeborenen König der Juden zu huldigen. Herodes war denn auch sehr überrascht über den orientalischen Besuch, denn niemand wußte etwas von einem neugeborenen Nachfolger oder einem „Stern". Dies ist übrigens ein wichtiger Gesichtspunkt zur Stützung von Keplers Hypothese, denn ein heller Komet oder eine Supernova wäre auch den jüdischen Astronomen aufgefallen.
Immer wieder tauchen andere Erklärungsversuche auf. Aber die astronomischen und historischen Fakten lassen Keplers Idee am schlüssigsten erscheinen.

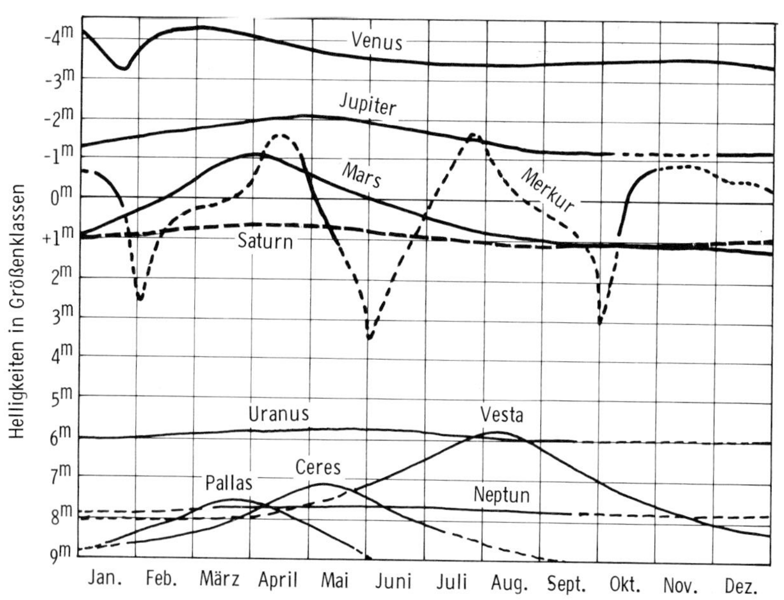

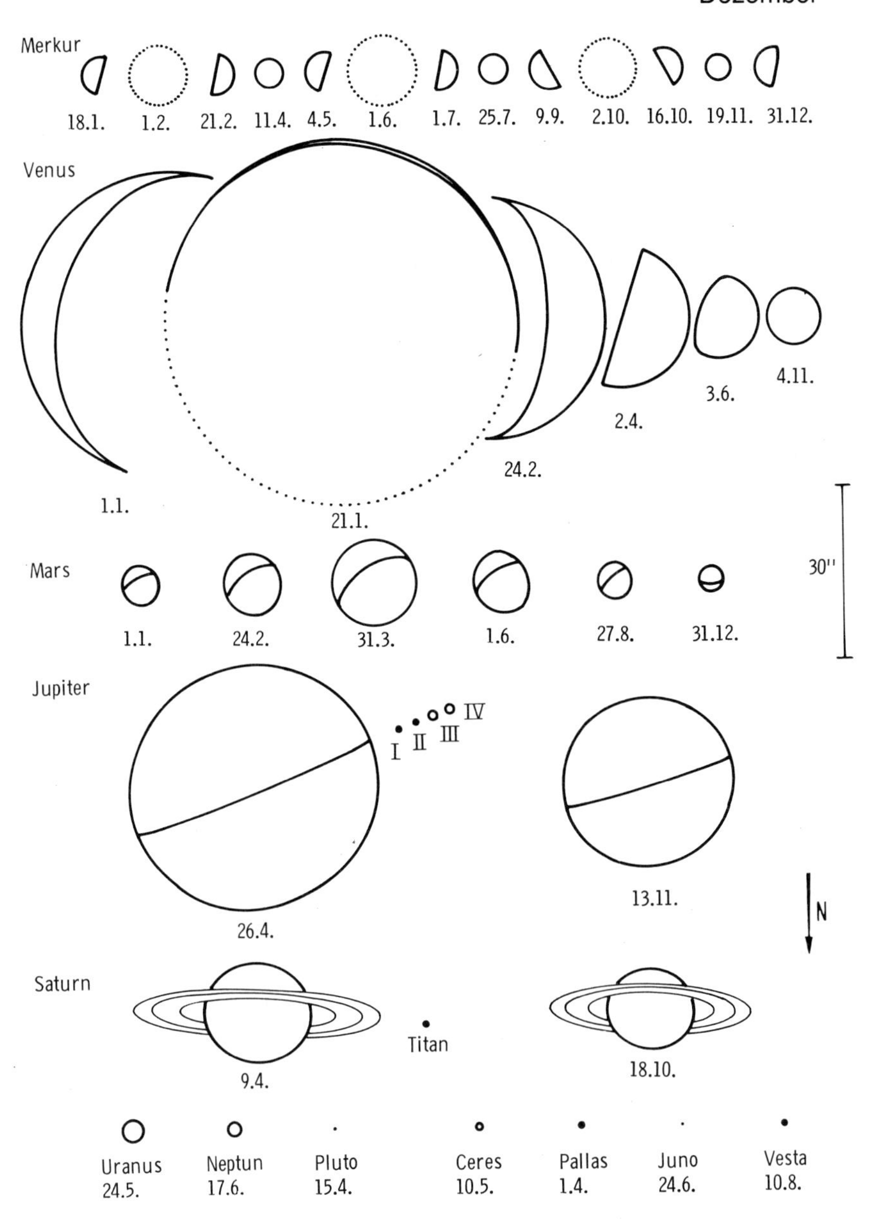

Abb. 87. Die Größen der Planetenscheibchen im Jahre 1982. Man beachte den Maßstab in Bogensekunden.

Abb. 86 (links). Die Helligkeiten der Planeten 1982.

Tabellen und Ephemeriden 1982

Ephemeriden der Planeten

Rektaszension } für 1^h MEZ, aktuelles Äquinoktium bei Merkur bis Uranus,
Deklination } Äquinoktium 1950.0 bei Neptun, Pluto und Kleinplaneten
Kulmination = Meridiandurchgang, MEZ für 10° östliche Länge

	Merkur			**Venus**			**Mars**		
Dat.	*Rektas.*	*Deklin.*	*Kulmin.*	*Rektas.*	*Deklin.*	*Kulmin.*	*Rektas.*	*Deklin.*	*Kulmin.*
Jan. 1.	19^h39^m	$-23^\circ.7$	13^h19^m	20^h44^m	$-16^\circ.6$	14^h20^m	12^h30^m	$-\ 0^\circ.7$	6^h08^m
6.	20 13	−21 .9	13 33	20 40	−15 .5	13 56	12 37	− 1 .4	5 56
11.	20 43	−19 .7	13 43	20 32	−14 .7	13 29	12 44	− 2 .0	5 43
16.	21 08	−17 .1	13 47	20 21	−14 .1	12 58	12 50	− 2 .6	5 30
21.	21 22	−14 .7	13 40	20 08	−13 .7	12 25	12 56	− 3 .2	5 16
26.	21 19	−13 .4	13 15	19 56	−13 .6	11 53	13 02	− 3 .6	5 01
31.	20 59	−13 .6	12 36	19 45	−13 .6	11 23	13 06	− 4 .0	4 46
Feb. 5.	20 35	−14 .9	11 53	19 38	−13 .9	10 57	13 10	− 4 .3	4 30
10.	20 21	−16 .4	11 20	19 36	−14 .2	10 35	13 13	− 4 .5	4 13
15.	20 20	−17 .4	11 00	19 37	−14 .5	10 18	13 15	− 4 .6	3 55
20.	20 29	−17 .9	10 51	19 43	−14 .8	10 04	13 15	− 4 .6	3 37
25.	20 47	−17 .8	10 48	19 52	−15 .1	9 53	13 15	− 4 .5	3 17
März 2.	21 09	−17 .1	10 51	20 03	−15 .2	9 45	13 14	− 4 .3	2 55
7.	21 34	−15 .9	10 57	20 17	−15 .1	9 39	13 11	− 4 .0	2 33
12.	22 01	−14 .1	11 04	20 32	−14 .9	9 35	13 07	− 3 .6	2 09
17.	22 30	−11 .7	11 14	20 49	−14 .5	9 32	13 02	− 3 .1	1 45
22.	23 00	− 8 .9	11 24	21 07	−13 .8	9 30	12 56	− 2 .5	1 19
27.	23 31	− 5 .5	11 36	21 26	−13 .0	9 29	12 49	− 1 .9	0 53
April 1.	0 04	− 1 .7	11 49	21 45	−12 .0	9 29	12 42	− 1 .3	0 26
6.	0 39	+ 2 .5	12 04	22 05	−10 .8	9 29	12 35	− 0 .7	23 54
11.	1 15	+ 7 .0	12 21	22 25	− 9 .4	9 30	12 28	− 0 .1	23 27
16.	1 53	+11 .6	12 40	22 46	− 7 .9	9 30	12 21	+ 0 .4	23 01
21.	2 33	+15 .9	13 00	23 06	− 6 .3	9 31	12 15	+ 0 .8	22 36
26.	3 11	+19 .5	13 18	23 27	− 4 .5	9 32	12 11	+ 1 .1	22 12
Mai 1.	3 46	+22 .2	13 32	23 48	− 2 .6	9 33	12 07	+ 1 .2	21 49
6.	4 15	+23 .8	13 41	0 08	− 0 .6	9 34	12 05	+ 1 .2	21 27
11.	4 36	+24 .5	13 42	0 29	+ 1 .4	9 36	12 04	+ 1 .1	21 06
16.	4 50	+24 .4	13 36	0 50	+ 3 .5	9 37	12 04	+ 0 .9	20 47
21.	4 55	+23 .6	13 20	1 12	+ 5 .5	9 39	12 05	+ 0 .5	20 29
26.	4 52	+22 .1	12 56	1 33	+ 7 .6	9 41	12 07	+ 0 .1	20 11
31.	4 43	+20 .4	12 27	1 55	+ 9 .6	9 43	12 10	− 0 .4	19 55
Juni 5.	4 32	+18 .8	11 57	2 17	+11 .5	9 45	12 14	− 1 .1	19 40
10.	4 24	+17 .6	11 30	2 40	+13 .4	9 48	12 19	− 1 .8	19 25
15.	4 22	+17 .2	11 09	3 03	+15 .2	9 51	12 25	− 2 .5	19 11
20.	4 28	+17 .6	10 55	3 26	+16 .8	9 55	12 31	− 3 .3	18 58
25.	4 41	+18 .6	10 49	3 50	+18 .3	10 00	12 38	− 4 .2	18 45
30.	5 01	+20 .0	10 51	4 15	+19 .6	10 04	12 46	− 5 .1	18 33
Juli 5.	5 29	+21 .5	10 59	4 40	+20 .7	10 09	12 54	− 6 .1	18 22
10.	6 04	+22 .8	11 15	5 05	+21 .6	10 15	13 02	− 7 .1	18 10
15.	6 45	+23 .3	11 37	5 31	+22 .2	10 21	13 11	− 8 .1	18 00
20.	7 30	+22 .9	12 03	5 56	+22 .6	10 27	13 21	− 9 .1	17 50
25.	8 16	+21 .4	12 29	6 23	+22 .8	10 34	13 31	−10 .2	17 40
30.	8 59	+19 .0	12 52	6 49	+22 .6	10 40	13 41	−11 .3	17 30
Aug. 4.	9 38	+15 .9	13 11	7 15	+22 .2	10 46	13 52	−12 .3	17 21
9.	10 13	+12 .5	13 26	7 41	+21 .5	10 53	14 03	−13 .4	17 13
14.	10 45	+ 8 .9	13 37	8 07	+20 .6	10 59	14 14	−14 .5	17 05
19.	11 13	+ 5 .3	13 46	8 32	+19 .4	11 05	14 26	−15 .5	16 57
24.	11 39	+ 1 .7	13 52	8 57	+18 .0	11 10	14 38	−16 .5	16 49
29.	12 02	− 1 .6	13 55	9 22	+16 .3	11 15	14 51	−17 .5	16 42
Sept. 3.	12 22	− 4 .6	13 55	9 47	+14 .5	11 20	15 03	−18 .5	16 35
8.	12 39	− 7 .2	13 52	10 11	+12 .5	11 24	15 17	−19 .4	16 29
13.	12 52	− 9 .2	13 44	10 34	+10 .4	11 28	15 30	−20 .3	16 23
18.	12 58	−10 .4	13 30	10 58	+ 8 .1	11 32	15 44	−21 .1	16 17
23.	12 56	−10 .2	13 07	11 21	+ 5 .8	11 35	15 59	−21 .8	16 12
28.	12 44	− 8 .4	12 34	11 44	+ 3 .3	11 38	16 13	−22 .5	16 07

Dat.	Merkur			Venus			Mars		
	Rektas.	*Deklin.*	*Kulmin.*	*Rektas.*	*Deklin.*	*Kulmin.*	*Rektas.*	*Deklin.*	*Kulmin.*
Okt. 3.	$12^{h}29^{m}$	− 5°.0	$11^{h}57^{m}$	$12^{h}07^{m}$	+ 0°.8	$11^{h}41^{m}$	$16^{h}28^{m}$	−23°.1	$16^{h}02^{m}$
8.	12 12	− 1 .7	11 24	12 29	− 1 .7	11 45	16 43	−23 .7	15 58
13.	12 12	− 0 .2	11 06	12 52	− 4 .1	11 48	16 59	−24 .1	15 54
18.	12 26	− 0 .8	11 01	13 16	− 6 .6	11 51	17 15	−24 .4	15 50
23.	12 49	− 3 .0	11 05	13 39	− 9 .0	11 55	17 31	−24 .7	15 46
28.	13 17	− 6 .1	11 14	14 02	−11 .4	11 59	17 47	−24 .8	15 43
Nov. 2.	13 47	− 9 .4	11 25	14 27	−13 .6	12 03	18 03	−24 .8	15 39
7.	14 18	−12 .7	11 36	14 51	−15 .6	12 08	18 20	−24 .8	15 36
12.	14 49	−15 .7	11 47	15 16	−17 .5	12 13	18 37	−24 .6	15 33
17.	15 21	−18 .5	11 59	15 41	−19 .3	12 19	18 53	−24 .3	15 30
22.	15 54	−20 .9	12 12	16 07	−20 .8	12 25	19 10	−23 .9	15 27
27.	16 26	−22 .8	12 25	16 34	−22 .0	12 32	19 26	−23 .3	15 24
Dez. 2.	17 00	−24 .3	12 39	17 01	−23 .0	12 39	19 43	−22 .7	15 20
7.	17 34	−25 .2	12 53	17 28	−23 .7	12 47	19 59	−22 .0	15 17
12.	18 08	−25 .6	13 08	17 55	−24 .1	12 55	20 16	−21 .1	15 14
17.	18 42	−25 .4	13 22	18 23	−24 .1	13 03	20 32	−20 .2	15 10
22.	19 15	−24 .5	13 35	18 50	−23 .9	13 10	20 48	−19 .1	15 06
27.	19 44	−23 .1	13 45	19 18	−23 .4	13 18	21 04	−18 .0	15 03
31.	20 04	−21 .6	13 47	19 39	−22 .7	13 24	21 16	−17 .1	14 59

Dat.	Jupiter			Saturn			Uranus		
	Rektas.	*Deklin.*	*Kulmin.*	*Rektas.*	*Deklin.*	*Kulmin.*	*Rektas.*	*Deklin.*	*Kulmin.*
Jan. 1.	$14^{h}17^{m}$	−12°.4	$7^{h}54^{m}$	$13^{h}23^{m}$	− 6°.1	$7^{h}01^{m}$	$16^{h}03^{m}$	−20°.5	$9^{h}40^{m}$
11.	14 22	−12 .9	7 20	13 25	− 6 .2	6 23	16 05	−20 .6	9 03
21.	14 26	−13 .2	6 45	13 26	− 6 .3	5 45	16 07	−20 .7	8 25
31.	14 30	−13 .4	6 09	13 26	− 6 .3	5 06	16 08	−20 .8	7 47
Feb. 10.	14 32	−13 .6	5 32	13 26	− 6 .2	4 26	16 09	−20 .8	7 09
20.	14 33	−13 .6	4 54	13 25	− 6 .1	3 46	16 10	−20 .9	6 31
März 2.	14 33	−13 .6	4 15	13 23	− 5 .9	3 05	16 11	−20 .9	5 52
12.	14 32	−13 .5	3 34	13 21	− 5 .6	2 24	16 11	−20 .9	5 13
22.	14 30	−13 .3	2 52	13 19	− 5 .4	1 42	16 11	−20 .9	4 33
April 1.	14 26	−12 .9	2 10	13 16	− 5 .1	1 00	16 10	−20 .9	3 53
11.	14 22	−12 .6	1 26	13 13	− 4 .8	0 18	16 09	−20 .8	3 13
21.	14 17	−12 .2	0 42	13 11	− 4 .5	23 32	16 08	−20 .8	2 32
Mai 1.	14 12	−11 .8	23 54	13 08	− 4 .3	22 50	16 06	−20 .7	1 52
11.	14 07	−11 .4	23 10	13 06	− 4 .0	22 08	16 05	−20 .6	1 11
21.	14 03	−11 .0	22 26	13 04	− 3 .9	21 27	16 03	−20 .6	0 30
31.	14 00	−10 .7	21 43	13 02	− 3 .8	20 46	16 01	−20 .5	23 45
Juni 10.	13 57	−10 .5	21 01	13 01	− 3 .7	20 06	15 59	−20 .4	23 04
20.	13 55	−10 .5	20 21	13 01	− 3 .7	19 27	15 58	−20 .3	22 23
30.	13 55	−10 .5	19 41	13 01	− 3 .8	18 48	15 57	−20 .3	21 42
Juli 10.	13 56	−10 .6	19 03	13 02	− 4 .0	18 09	15 55	−20 .2	21 02
20.	13 58	−10 .8	18 25	13 04	− 4 .2	17 32	15 55	−20 .2	20 21
30.	14 01	−11 .1	17 49	13 06	− 4 .4	16 54	15 54	−20 .1	19 42
Aug. 9.	14 05	−11 .5	17 14	13 09	− 4 .7	16 18	15 54	−20 .1	19 02
19.	14 09	−12 .0	16 39	13 12	− 5 .1	15 41	15 54	−20 .1	18 23
29.	14 15	−12 .5	16 05	13 15	− 5 .4	15 05	15 55	−20 .2	17 44
Sept. 8.	14 21	−13 .0	15 32	13 19	− 5 .8	14 30	15 55	−20 .2	17 06
18.	14 28	−13 .6	15 00	13 23	− 6 .3	13 55	15 57	−20 .3	16 28
28.	14 35	−14 .3	14 28	13 27	− 6 .7	13 20	15 58	−20 .4	15 50
Okt. 8.	14 43	−14 .9	13 56	13 32	− 7 .2	12 45	16 00	−20 .5	15 13
18.	14 52	−15 .5	13 25	13 36	− 7 .6	12 10	16 02	−20 .5	14 35
28.	15 00	−16 .2	12 55	13 41	− 8 .0	11 35	16 04	−20 .7	13 58
Nov. 7.	15 09	−16 .8	12 24	13 45	− 8 .5	11 00	16 07	−20 .8	13 21
17.	15 18	−17 .4	11 53	13 50	− 8 .9	10 25	16 09	−20 .9	12 44
27.	15 27	−17 .9	11 23	13 54	− 9 .2	9 50	16 12	−21 .0	12 08
Dez. 7.	15 36	−18 .5	10 53	13 58	− 9 .6	9 15	16 14	−21 .1	11 31
17.	15 44	−18 .9	10 22	14 02	− 9 .9	8 39	16 17	−21 .2	10 54
27.	15 53	−19 .4	9 51	14 05	−10 .1	8 03	16 19	−21 .3	10 17

Dat.	Neptun Rektas.	Neptun Deklin.	Neptun Kulmin.	Pluto Rektas.	Pluto Deklin.	Pluto Kulmin.	Dat.	Juno Rektas.	Juno Deklin.	Juno Kulmin.
Jan. 1.	17^h37^m	$-22^\circ.1$	11^h16^m	14^h02^m	$+5^\circ.7$	7^h41^m	Juni 5.	18^h23^m	$-5^\circ.1$	1^h52^m
Feb. 1.	17 42	−22 .1	9 19	14 03	+5 .9	5 40	10.	18 19	−4 .9	1 29
März 1.	17 44	−22 .1	7 31	14 02	+6 .2	3 50	15.	18 15	−4 .8	1 05
April 1.	17 45	−22 .1	5 30	14 00	+6 .6	1 46	20.	18 11	−4 .8	0 41
Mai 1.	17 44	−22 .1	3 31	13 57	+6 .9	23 41	25.	18 07	−4 .8	0 17
Juni 1.	17 41	−22 .1	1 26	13 54	+7 .0	21 36	30.	18 02	−4 .9	23 48
Juli 1.	17 38	−22 .0	23 21	13 53	+6 .8	19 37	Juli 5.	17 58	−5 .0	23 25
Aug. 1.	17 35	−22 .0	21 16	13 53	+6 .5	17 35	10.	17 54	−5 .2	23 01
Sept. 1.	17 33	−22 .0	19 13	13 55	+6 .0	15 35	15.	17 50	−5 .5	22 37
Okt. 1.	17 34	−22 .1	17 16	13 59	+5 .5	13 41	20.	17 47	−5 .8	22 14
Nov. 1.	17 37	−22 .1	15 17	14 03	+5 .1	11 44	25.	17 43	−6 .1	21 52
Dez. 1.	17 41	−22 .2	13 23	14 07	+4 .8	9 50	30.	17 41	−6 .4	21 30
Dez. 31.	17 46	−22 .2	11 30	14 11	+4 .7	7 55				

Dat.	Ceres Rektas.	Ceres Deklin.	Ceres Kulmin.	Pallas Rektas.	Pallas Deklin.	Pallas Kulmin.	Dat.	Vesta Rektas.	Vesta Deklin.	Vesta Kulmin.
Jan. 1.	14^h35^m	$-6^\circ.5$	8^h15^m	12^h52^m	$-8^\circ.2$	6^h32^m	Juni 5.	21^h42^m	$-16^\circ.2$	5^h11^m
6.	14 42	− 6 .9	8 02	12 58	− 7 .8	6 18	10.	21 45	−16 .3	4 54
11.	14 49	− 7 .4	7 49	13 04	− 7 .4	6 04	15.	21 48	−16 .5	4 37
16.	14 55	− 7 .8	7 36	13 09	− 6 .9	5 50	20.	21 50	−16 .7	4 20
21.	15 01	− 8 .2	7 22	13 14	− 6 .2	5 35	25.	21 51	−17 .0	4 01
26.	15 07	− 8 .5	7 08	13 18	− 5 .4	5 20	30.	21 51	−17 .4	3 42
31.	15 13	− 8 .8	6 54	13 22	− 4 .5	5 04	Juli 5.	21 51	−17 .9	3 22
Feb. 5.	15 18	− 9 .0	6 40	13 25	− 3 .5	4 47	10.	21 50	−18 .4	3 01
10.	15 23	− 9 .3	6 25	13 28	− 2 .3	4 30	15.	21 48	−19 .0	2 39
15.	15 27	− 9 .4	6 10	13 29	− 1 .0	4 12	20.	21 45	−19 .6	2 17
20.	15 31	− 9 .6	5 54	13 30	+ 0 .5	3 53	25.	21 42	−20 .3	1 54
25.	15 35	− 9 .7	5 38	13 31	+ 2 .1	3 34	30.	21 38	−21 .0	1 30
März 2.	15 38	− 9 .8	5 21	13 30	+ 3 .7	3 14	Aug. 4.	21 33	−21 .7	1 06
7.	15 40	− 9 .8	5 04	13 29	+ 5 .5	2 53	9.	21 29	−22 .5	0 42
12.	15 42	− 9 .8	4 46	13 28	+ 7 .3	2 32	14.	21 24	−23 .0	0 18
17.	15 43	− 9 .8	4 27	13 25	+ 9 .1	2 10	19.	21 19	−23 .6	23 49
22.	15 44	− 9 .8	4 08	13 23	+10 .9	1 47	24.	21 15	−24 .1	23 25
27.	15 44	− 9 .7	3 48	13 19	+12 .7	1 25	29.	21 11	−24 .5	23 01
April 1.	15 43	− 9 .7	3 28	13 16	+14 .4	1 01	Sept. 3.	21 08	−24 .8	22 38
6.	15 41	− 9 .6	3 07	13 12	+16 .0	0 38	8.	21 05	−25 .0	22 16
11.	15 39	− 9 .5	2 45	13 08	+17 .4	0 15	13.	21 03	−25 .2	21 54
16.	15 36	− 9 .4	2 22	13 05	+18 .7	23 47	18.	21 02	−25 .2	21 34
21.	15 33	− 9 .3	1 59	13 01	+19 .8	23 24	23.	21 01	−25 .2	21 14
26.	15 29	− 9 .2	1 36	12 58	+20 .7	23 01	28.	21 01	−25 .1	20 54
Mai 1.	15 25	− 9 .1	1 12	12 56	+21 .5	22 39	Okt. 3.	21 02	−24 .9	20 36
6.	15 20	− 9 .1	0 48	12 53	+22 .0	22 17	8.	21 04	−24 .7	20 18
11.	15 16	− 9 .0	0 24	12 52	+22 .4	21 56	13.	21 07	−24 .4	20 01
16.	15 11	− 9 .0	23 55	12 51	+22 .7	21 36	18.	21 10	−24 .1	19 45
21.	15 06	− 9 .1	23 30	12 51	+22 .8	21 16	23.	21 14	−23 .7	19 29
26.	15 02	− 9 .1	23 07	12 51	+22 .8	20 56	28.	21 18	−23 .3	19 13
31.	14 58	− 9 .3	22 43	12 51	+22 .7	20 37	Nov. 2.	21 23	−22 .8	18 59
Juni 5.	14 55	− 9 .4	22 20	12 53	+22 .5	20 19	7.	21 28	−22 .3	18 44
10.	14 52	− 9 .6	21 58	12 55	+22 .3	20 01	12.	21 33	−21 .7	18 30
15.	14 49	− 9 .9	21 36	12 57	+21 .9	19 44	17.	21 39	−21 .1	18 16
20.	14 48	−10 .2	21 14	13 00	+21 .5	19 27	22.	21 46	−20 .5	18 03
25.	14 46	−10 .5	20 53	13 03	+21 .0	19 11	27.	21 52	−19 .9	17 50
30.	14 46	−10 .9	20 33	13 06	+20 .5	18 55	Dez. 2.	21 59	−19 .2	17 37
Juli 5.	14 46	−11 .3	20 14	13 10	+20 .0	18 39	7.	22 06	−18 .5	17 24
10.	14 46	−11 .7	19 55	13 15	+19 .4	18 23	12.	22 13	−17 .7	17 12
15.	14 48	−12 .1	19 36	13 19	+18 .8	18 08	17.	22 21	−16 .9	17 00
20.	14 49	−12 .6	19 19	13 24	+18 .1	17 54	22.	22 28	−16 .1	16 47
25.	14 52	−13 .1	19 01	13 29	+17 .5	17 39	27.	22 36	−15 .3	16 35
30.	14 54	−13 .7	18 45	13 35	+16 .8	17 25	31.	22 42	−14 .6	16 26

Saturnmonde

Titan

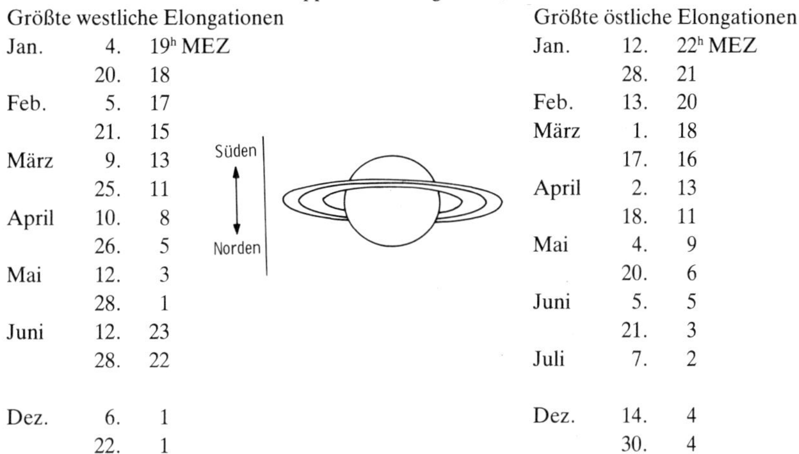

Oppositionshelligkeit $8^m,4$

Größte westliche Elongationen			Größte östliche Elongationen		
Jan.	4.	19^h MEZ	Jan.	12.	22^h MEZ
	20.	18		28.	21
Feb.	5.	17	Feb.	13.	20
	21.	15	März	1.	18
März	9.	13		17.	16
	25.	11	April	2.	13
April	10.	8		18.	11
	26.	5	Mai	4.	9
Mai	12.	3		20.	6
	28.	1	Juni	5.	5
Juni	12.	23		21.	3
	28.	22	Juli	7.	2
Dez.	6.	1	Dez.	14.	4
	22.	1		30.	4

Rhea

Oppositionshelligkeit $9^m,8$ Größte Elongationen (MEZ)

Jan. westl.	Jan. östl.	Feb. westl.	Feb. östl.	März westl.	März östl.	April westl.	April östl.	Mai westl.	Mai östl.	Juni westl.	Juni östl.
1^d17^h	3^d24^h	$2^d\ 9^h$	4^d15^h	1^d11^h	3^d17^h	$2^d\ 1^h$	$4^d\ 7^h$	3^d15^h	$1^d\ 9^h$		1^d24^h
6 6	8 12	6 21	9 3	5 23	8 5	6 13	8 20	8 4	5 22	$4^d\ 6^h$	6 12
10 18	13 1	11 9	13 16	10 11	12 18	11 2	13 8	12 16	10 10	8 18	11 1
15 7	17 13	15 22	18 4	14 24	17 6	15 14	17 20	17 4	14 22	13 7	15 13
19 19	22 1	20 10	22 16	19 12	21 18	20 2	22 9	21 17	19 11	17 19	20 1
24 8	26 14	24 22	27 5	24 0	26 7	24 15	26 21	26 5	23 23	22 8	24 14
28 20	31 2			28 13	30 19	29 3		30 18	28 11	26 20	29 2

	Oppositions-helligkeit	*Erste größte östliche Elongation*	*Umlaufzeit*
Dione	$10^m.5$	Jan. 1 9^hMEZ J.D.=2444970.85	2.737 Tage
Tethys	$10^m.3$	Jan. 2 3^hMEZ J.D.=2444971.58	1.888 Tage

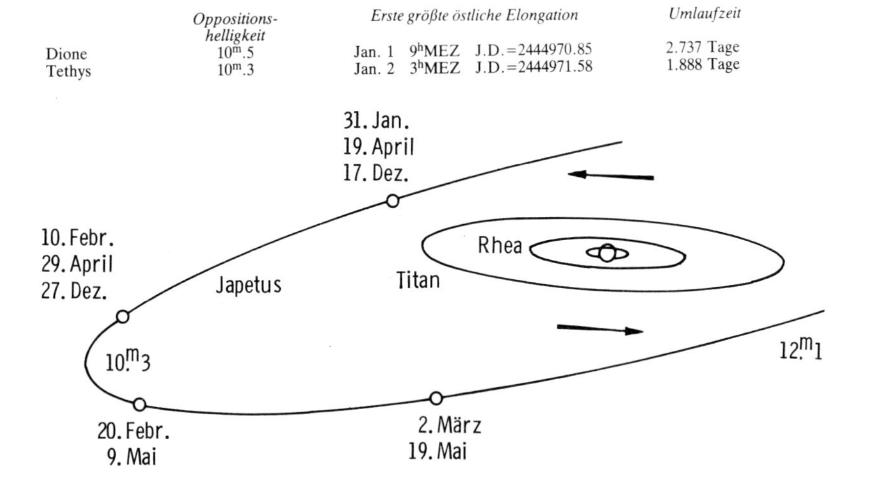

Zentralmeridiane (1ʰ MEZ)

Sonne

Dat.		Z.M.	Rot.-Nr.
Jan.	1.	16°.9	1716
	11.	245 .2	1717
	21.	113 .5	"
	31.	341 .9	1718
Feb.	10.	210 .2	"
	20.	78 .5	"
März	2.	306 .8	1719
	12.	175 .0	"
	22.	43 .2	"
April	1.	271 .4	1720
	11.	139 .4	"
	21.	7 .3	"
Mai	1.	235 .2	1721
	11.	103 .0	"
	21.	330 .8	1722
	31.	198 .4	"
Juni	10.	66 .1	"
	20.	293 .7	1723
	30.	161 .4	"
Juli	10.	29 .0	"
	20.	256 .7	1724
	30.	124 .4	"
Aug.	9.	352 .1	1725
	19.	220 .0	"
	29.	87 .8	"
Sept.	8.	315 .7	1726
	18.	183 .7	"
	28.	51 .7	"
Okt.	8.	279 .8	1727
	18.	147 .9	"
	28.	16 .0	"
Nov.	7.	244 .1	1728
	17.	112 .3	"
	27.	340 .5	1729
Dez.	7.	208 .7	"
	17.	76 .9	"
	27.	305 .2	1730

Änderung −13.°2/Tag

Mars / Jupiter System I / Jupiter System II

Dat.	Mars Jan.	Mars Feb.	Mars März	Mars April	Mars Mai	Mars Juni	Jup. I Jan.	Jup. I Feb.	Jup. I März	Jup. I April	Jup. I Mai	Jup. I Juni	Jup. I Juli	Jup. II Jan.	Jup. II Feb.	Jup. II März	Jup. II April	Jup. II Mai	Jup. II Juni	Jup. II Juli
1.	148°	216°	320°	47°	143°	218°	127°	341°	84°	302°	3°	220°	276°	227°	204°	93°	75°	267°	248°	75°
2.	139	207	311	38	134	209	285	139	242	100	161	18	74	17	355	244	226	58	38	225
3.	129	197	302	29	125	199	83	297	40	258	319	176	232	167	145	34	16	208	188	15
4.	120	188	293	20	116	190	241	95	198	56	117	334	29	318	295	184	166	358	339	165
5.	110	179	284	12	107	181	38	253	356	214	275	132	187	108	86	335	317	149	129	316
6.	101	170	275	3	98	171	196	51	154	12	73	290	345	258	236	125	107	299	279	106
7.	91	160	266	354	89	162	354	209	312	170	231	88	143	48	26	275	258	89	69	256
8.	82	151	257	346	80	152	152	7	110	328	29	245	301	198	177	66	48	240	220	46
9.	72	142	248	337	71	143	310	164	268	126	187	43	98	349	327	216	198	30	10	196
10.	63	133	239	328	62	133	108	322	66	284	345	201	256	139	117	7	349	181	160	346
11.	53	123	230	320	52	124	266	120	224	82	143	359	54	289	267	157	139	331	311	137
12.	44	114	222	311	43	115	63	278	22	240	301	157	212	79	58	307	290	121	101	287
13.	34	105	213	302	34	105	221	76	180	38	99	315	10	230	208	98	80	272	251	77
14.	25	96	204	293	25	96	19	234	338	196	257	113	167	20	358	248	230	62	41	227
15.	15	87	195	285	16	86	177	32	136	354	55	271	325	170	149	38	21	212	191	17
16.	6	78	186	276	7	77	335	190	294	152	213	68	123	320	299	189	171	3	342	167
17.	357	68	178	267	357	67	133	348	92	310	11	226	281	111	89	339	322	153	132	317
18.	347	59	169	258	348	58	291	146	250	109	169	24	78	261	240	130	112	303	282	108
19.	338	50	160	249	339	48	88	304	48	267	327	182	236	51	30	280	262	94	72	258
20.	328	41	151	241	330	39	246	102	206	65	125	340	34	201	180	70	53	244	223	48
21.	319	32	142	232	321	29	44	260	4	223	283	138	192	352	331	221	203	34	13	198
22.	309	23	134	223	311	19	202	58	162	21	81	296	349	142	121	11	354	185	163	348
23.	300	14	125	214	302	10	0	216	320	179	239	93	147	292	271	162	144	335	313	138
24.	291	5	116	205	293	0	158	14	118	337	37	251	305	82	62	312	294	125	104	288
25.	281	356	108	196	284	351	316	172	276	135	195	49	103	233	212	102	85	276	254	78
26.	272	347	99	187	274	341	114	330	74	293	352	207	260	23	2	253	235	66	44	229
27.	263	338	90	179	265	332	272	128	232	91	150	5	58	173	153	43	26	216	194	19
28.	253	329	81	170	256	322	70	286	30	249	308	163	216	323	303	194	176	7	344	169
29.	244		73	161	246	312	227		188	47	106	320	14	114		344	326	157	134	319
20.	235		64	152	237	303	25		346	205	264	118	171	264		134	117	307	285	109
31.	225		55		228		183		144		62		329	54		285		98		259
	Änderung +14.6°/Stunde						Änderung +36.6°/Stunde							Änderung +36.3°/Stunde						

Korrektur für MEZ	0ʰ	1ʰ	2ʰ	3ʰ	4ʰ	5ʰ	6ʰ	7ʰ	8ʰ	19ʰ	20ʰ	21ʰ	22ʰ	23ʰ	24ʰ
Mars	−15°	0°	+15°	+29°	+ 44°	+ 58°	+ 73°	+ 88°	+102°	−97°	−82°	−68°	−53°	−38°	− 24°
Jupiter System I	−37°	0	+37	+73	+110	+146	+183	+219	+256	−62	−25	+12	+48	+85	+121
Jupiter System II	−36°	0	+36	+73	+109	+145	+181	+218	+254	−67	−31	+ 5	+42	+78	+114

Sternbedeckungen durch den Mond 1982 (MEZ)

Name des Sterns	m	Dat.		Mond-alter	Eintr./Austr.	Pos.-Winkel	Berlin	Hamburg	Hannover	Düsseldorf	Frankfurt	Nürnberg	Stuttgart	München	Zürich	Wien
	7.1	Jan.	1.	6^d	E	80°	$17^h40^m.9$	$17^h36^m.4$	$17^h35^m.9$	$17^h31^m.1$	$17^h33^m.8$	$17^h37^m.9$	$17^h34^m.6$	$17^h39^m.1$	$17^h33^m.4$	$17^h48^m.0$
ξ_2 Ceti	4.3		5.	10	E	145	1 20 .9	1 17 .2	1 20 .9	1 25 .3	1 30 .9	–	–	–	–	–
64 Tauri	4.8		7.	12	E	40	1 44 .7	1 43 .1	1 41 .8	1 38 .4	1 39 .6	1 41 .5	1 39 .7	1 41 .7	1 39 .1	1 45 .5
97 Tauri	5.1	Feb.	3.	10	E	30	19 42 .2	19 43 .1	19 39 .3	19 33 .6	19 32 .2	19 33 .0	19 29 .4	19 30 .8	19 25 .7	19 36 .7
μ Ceti	4.4		28.	5	E	145	20 43 .6	20 35 .6	20 42 .5	–	–	–	–	–	–	–
302 Tauri	6.1	März	3.	7	E	25	–	–	0 47 .7	0 43 .0	0 43 .2	0 44 .1	0 42 .4	0 43 .2	0 41 .8	–
	5.9		4.	8	E	35	1 41 .3	1 39 .6	1 37 .9	1 35 .2	1 36 .1	1 37 .3	1 36 .2	1 37 .3	1 36 .1	1 39 .2
δ Tauri	3.9		29.	4	E	100	20 26 .2	20 22 .9	20 24 .5	20 24 .5	20 27 .4	20 29 .9	20 30 .0	20 32 .5	20 32 .4	20 34 .3
64 Tauri	4.8		29.	4	E	140	21 03 .0	20 59 .5	21 02 .7	21 05 .9	21 09 .9	21 12 .1	21 14 .9	21 17 .4	–	21 15 .4
68 Tauri	4.2		29.	4	E	35	21 52 .2	21 51 .3	21 49 .9	21 47 .4	21 48 .2	21 49 .4	21 48 .3	21 49 .5	21 48 .0	21 51 .7
	6.8		30.	5	E	30	–	–	21 50 .5	21 43 .4	21 44 .3	21 46 .3	21 43 .5	21 45 .7	21 42 .3	21 50 .8
	6.8		30.	6	E	55	23 40 .9	23 39 .7	23 40 .2	23 40 .0	23 41 .0	23 41 .8	23 41 .9	23 42 .6	23 42 .7	–
14 Geminorum	6.6		31.	6	E	90	21 08 .6	21 04 .5	21 05 .4	21 03 .7	21 06 .8	21 10 .1	21 09 .1	21 12 .3	21 10 .4	21 16 .5
149 Geminorum	6.4	April	1.	7	E	95	21 04 .8	21 00 .0	21 00 .6	20 57 .6	21 01 .1	21 04 .9	21 03 .1	21 07 .0	21 03 .9	21 12 .8
63 Geminorum	5.3		1.	7	E	105	21 32 .0	21 27 .3	21 28 .6	21 26 .9	21 30 .5	21 34 .2	21 33 .2	21 36 .7	21 34 .9	21 41 .2
333 Tauri	6.5		26.	3	E	80	20 58 .3	20 56 .8	20 57 .9	20 58 .7	21 00 .1	21 01 .1	21 01 .7	21 02 .6	21 03 .2	21 02 .6
	6.8		29.	6	E	60	22 09 .6	22 05 .7	22 05 .9	22 03 .3	22 06 .0	22 08 .9	22 07 .4	22 10 .3	22 07 .9	22 14 .7
212 Geminorum	7.0	Mai	26.	4	E	120	21 31 .2	21 29 .5	21 31 .5	21 33 .7	21 35 .6	21 36 .5	21 37 .9	21 38 .7	21 40 .6	21 37 .7
30 Piscium	4.7	Juni	15.	23	A	325	–	–	–	–	3 01 .6	–	3 03 .0	–	3 04 .8	–
302 Tauri	6.1	Aug.	14.	24	A	220	2 43 .1	2 45 .7	2 43 .2	2 41 .0	2 38 .4	2 36 .6	2 35 .4	2 33 .5	2 32 .4	2 32 .8
36 Geminorum	5.2		16.	26	A	195	2 48 .5	2 56 .0	2 52 .7	–	–	–	–	–	–	–
614 Virginis	6.6		23.	5	E	150	–	20 20 .0	20 22 .5	20 23 .3	20 26 .9	20 29 .9	20 29 .8	20 33 .2	20 33 .3	–
68 Tauri	4.2	Sept.	10.	22	A	245	0 10 .1	0 11 .9	0 09 .8	0 07 .9	0 05 .9	0 04 .7	0 03 .5	0 02 .4	0 01 .1	0 02 .7
39 Cancri	6.5		14.	26	A	255	4 35 .1	4 36 .0	4 34 .0	4 31 .4	4 30 .0	4 29 .2	4 27 .8	4 27 .1	4 25 .1	4 28 .2
40 Cancri	6.5		14.	26	A	250	4 36 .3	4 37 .7	4 35 .5	4 32 .8	4 31 .1	4 30 .2	4 28 .6	4 27 .5	4 25 .5	4 28 .1
74 Ophiuchi	6.8		23.	6	E	160	18 55 .6	–	–	–	–	18 59 .0	18 59 .0	19 03 .1	19 00 .0	19 11 .2
26 Sagittarii	6.1		25.	8	E	70	–	20 38 .7	20 39 .2	20 36 .1	20 39 .2	20 43 .0	20 40 .9	20 44 .6	20 40 .8	20 50 .8
106 Tauri	5.3	Okt.	7.	20	A	275	23 01 .4	23 02 .0	23 00 .4	22 58 .2	22 57 .2	22 56 .8	22 55 .5	22 55 .2	22 53 .5	22 56 .6
η Geminorum	3.2		9.	22	E	40	0 50 .5	0 53 .8	0 50 .7	0 48 .2	0 45 .1	0 43 .3	0 41 .7	0 40 .4	0 38 .7	0 41 .1
η Geminorum	3.2		9.	22	A	300	1 37 .9	1 34 .9	1 34 .2	1 30 .6	1 32 .0	1 34 .1	1 31 .8	1 33 .7	1 30 .1	1 38 .8
μ Geminorum	3.2		9.	22	E	105	4 33 .8	4 29 .6	4 28 .9	4 24 .3	4 27 .0	4 30 .9	4 27 .9	4 32 .3	4 27 .3	4 40 .6
μ Geminorum	3.2		9.	22	A	245	5 46 .3	5 42 .3	5 41 .4	5 36 .3	5 38 .0	5 41 .1	5 37 .5	5 40 .4	5 34 .4	5 48 .1
128 Capricorni	6.5	Nov.	22.	7	E	40	–	–	20 35 .3	20 33 .9	20 34 .5	20 35 .7	20 34 .7	20 36 .1	20 34 .3	20 38 .9
μ Geminorum	3.2	Dez.	2.	17	A	245	19 26 .8	19 29 .3	19 27 .5	19 26 .7	19 24 .5	19 22 .7	19 22 .2	19 20 .4	19 20 .2	19 19 .0
27 Capricorni	6.2		19.	4	E	50	17 02 .5	16 59 .5	16 59 .2	16 56 .1	16 57 .7	17 00 .5	16 58 .3	17 01 .2	–	17 06 .8
252 Aquarii	6.8		22.	7	E	75	20 47 .4	20 43 .7	20 44 .4	20 42 .3	20 45 .0	20 48 .3	20 46 .8	20 50 .2	20 47 .4	20 55 .3

Die Sternbildnamen in Deutsch und Latein

Name des Sternbildes	*Lateinischer Name*	*Lateinischer Genitiv*	*Abkürzung*
Adler	Aquila	Aquilae	Aql
Altar	Ara	Arae	Ara
Andromeda	Andromeda	Andromedae	And
Becher	Crater	Crateris	Crt
Bildhauer	Sculptor	Sculptoris	Scl
Bootes (sprich Bo-otes)	Bootes	Bootis	Boo
Chamäleon	Chamaeleon	Chamaeleontis	Cha
Delphin	Delphinus	Delphini	Del
Drache	Draco	Draconis	Dra
Dreieck	Triangulum	Trianguli	Tri
Dreieck, südliches	Triangulum australe	Trianguli australis	TrA
Eidechse	Lacerta	Lacertae	Lac
Einhorn	Monoceros	Monocerotis	Mon
Eridanus	Eridanus	Eridani	Eri
Fernrohr	Telescopium	Telescopii	Tel
Fische	Pisces	Piscium	Psc
Fisch, fliegender	Volans	Volantis	Vol
Fisch, südlicher	Piscis austrinus	Piscis austrini	PsA
Fliege	Musca	Muscae	Mus
Füchschen	Vulpecula	Vulpeculae	Vul
Fuhrmann	Auriga	Aurigae	Aur
Füllen	Equuleus	Equulei (sprich Equule-i)	Equ
Giraffe	Camelopardalis	Camelopardalis	Cam
Grabstichel	Caelum	Caeli	Cae
Großer Bär	Ursa maior	Ursae maioris	UMa
Großer Hund	Canis maior	Canis maioris	CMa
Haar der Berenike	Coma Berenices	Comae Berenices	Com
Hase	Lepus	Leporis	Lep
Herkules	Hercules	Herculis	Her
Hinterdeck des Schiffes	Puppis	Puppis	Pup
Indianer	Indus	Indi	Ind
Jagdhunde	Canes venatici	Canum venaticorum	CVn
Jungfrau	Virgo	Virginis	Vir
Kassiopeia	Cassiopeia	Cassiopeiae	Cas
Kentaur	Centaurus	Centauri	Cen
Kepheus	Cepheus	Cephei	Cep
Kleiner Bär	Ursa minor	Ursae minoris	UMi

Name des Sternbildes	*Lateinischer Name*	*Lateinischer Genitiv*	*Abkürzung*
Kleiner Hund	Canis minor	Canis minoris	CMi
Kleiner Löwe	Leo minor	Leonis minoris	LMi
Kranich	Grus	Gruis	Gru
Krebs	Cancer	Cancri	Cnc
Kreuz des Südens	Crux	Crucis	Cru
Krone, nördliche	Corona borealis	Coronae borealis	CrB
Krone, südliche	Corona australis	Coronae australis	CrA
Leier	Lyra	Lyrae	Lyr
Löwe	Leo	Leonis	Leo
Luchs	Lynx	Lyncis	Lyn
Luftpumpe	Antlia	Antliae	Ant
Maler	Pictor	Pictoris	Pic
Mikroskop	Microscopium	Microscopii	Mic
Netz	Reticulum	Reticuli	Ret
Ofen	Fornax	Fornacis	For
Oktant	Octans	Octantis	Oct
Orion	Orion	Orionis	Ori
Paradiesvogel	Apus	Apodis	Aps
Pegasus	Pegasus	Pegasi	Peg
Pendeluhr	Horologium	Horologii	Hor
Perseus	Perseus	Persei	Per
Pfau	Pavo	Pavonis	Pav
Pfeil	Sagitta	Sagittae	Sge
Phönix	Phoenix	Phoenicis	Phe
Rabe	Corvus	Corvi	Crv
Schiffskiel	Carina	Carinae	Car
Schiffskompaß	Pyxis	Pyxidis	Pyx
Schild	Scutum	Scuti	Sct
Schlange	Serpens	Serpentis	Ser
Schlangenträger	Ophiuchus	Ophiuchi	Oph
Schwan	Cygnus	Cygni	Cyg
Schwertfisch	Dorado	Doradus	Dor
Schütze	Sagittarius	Sagittarii	Sgr
Segel	Vela	Velorum	Vel
Sextant	Sextans	Sextantis	Sex
Skorpion	Scorpius	Scorpii	Sco
Steinbock	Capricornus	Capricorni	Cap
Stier	Taurus	Tauri	Tau
Tafelberg	Mensa	Mensae	Men
Taube	Columba	Columbae	Col
Tukan	Tucana	Tucanae	Tuc
Waage	Libra	Librae	Lib

Name des Sternbildes	*Lateinischer Name*	*Lateinischer Genitiv*	*Abkürzung*
Walfisch	Cetus	Ceti	Cet
Wassermann	Aquarius	Aquarii	Aqr
Wasserschlange, kleine	Hydrus	Hydri	Hyi
Wasserschlange, nördliche	Hydra	Hydrae	Hya
Widder	Aries	Arietis	Ari
Winkelmaß	Norma	Normae	Nor
Wolf	Lupus	Lupi	Lup
Zirkel	Circinus	Circini	Cir
Zwillinge	Gemini	Geminorum	Gem

Astronomische Vereine, Planetarien und Sternwarten mit öffentlichen Führungen

Aachen
Volkssternwarte
Am Hangeweiher, 5100 Aachen
Aalen
Schul- und Volkssternwarte
Rombacherstr. 30, 7080 Aalen
Albstadt
Astronomische Vereinigung Albstadt e.V.
Hartmannstr. 138, 7470 Albstadt 1 (Ebingen)
Bautzen
Schulsternwarte
Friedrich-List-Str. 8, DDR-8600 Bautzen
Berlin
Wilhelm-Foerster-Sternwarte u. Planetarium
Munsterdamm 90, 1000 Berlin 41
Archenhold-Sternwarte
Alt-Treptow 1, DDR-1193 Berlin-Treptow
Bonn
Volkssternwarte Bonn e.V.
Poppelsdorfer Allee 47, 5300 Bonn 1
Bremen
Planetarium und Sternwarte der OLBERS-Gesellschaft
Hochschule für Nautik, Werderstr. 73, 2800 Bremen
Bochum
Planetarium und Sternwarte
Castroper Str. 67, 4630 Bochum 1
Carona
Feriensternwarte CALINA
Postfach 331, CH-9004 St. Gallen
Cuxhaven
Feriensternwarte
Haydnstr. 16, 2190 Cuxhaven
Darmstadt
Volkssternwarte e.V.
Helfmannstr. 26, 6100 Darmstadt
Duisburg
Rudolf-Römer-Sternwarte
Postfach 14 15 68, 4100 Duisburg 14
Düsseldorf
Astronomische Vereinigung
Steinkaul 4, 4000 Düsseldorf 13
Erfurt
Volkssternwarte Cyriaksburg
Gelände der internat. Gartenbau-Ausstellung (IGA), DDR-5010 Erfurt
Erkrath
Sternwarte Neanderhöhe Hochdahl, Stellarium
Hildener Str. 17, 4006 Erkrath 2
Essen
Walter-Hohmann-Sternwarte
Geilingshausweg 22, 4300 Essen-Heidhausen
Frankfurt/Main
Sternwarte des Physikalischen Vereins
Robert-Mayer-Str. 2a, 6000 Frankfurt
Freiburg
Richard-Fehrenbach-Planetarium in der Gewerbeschule II Friedrichstr. 51, 7800 Freiburg i. Breisgau
Glücksburg
Planetarium und Sternwarte
Fördestr. 35, 2392 Glücksburg
Halle
Schulsternwarte „Johannes Kepler“
Zur Sternwarte 3, DDR-4020 Halle-Kanena
Hamburg
Planetarium
Wasserturm im Stadtpark, 2000 Hamburg 60
Hannover
Planetarium der Bismarckschule
An der Bismarckschule 5, 3000 Hannover
Heidelberg
Landessternwarte
Königstuhl, 6900 Heidelberg 1
Herzberg
Schulsternwarte
Nixweg Wasserturm, DDR-1231 Herzberg

Hoyerswerda
Schulsternwarte Oberschule X
Geschwister-Scholl-Str. 23, DDR-7700 Hoyerswerda
Jena
Planetarium
DDR-6900 Jena
Klagenfurt
Raumflugplanetarium
Villacher Str. 239, A-9020 Klagenfurt
Sternwarte Kreuzbergl
Kiel
Planetarium
Knooper Weg 62, 2300 Kiel 1
(Geschäftsstelle: Düvelsbeker Weg 55)
Köln
Volkssternwarte
Nikolausstr. 55, 5000 Köln
Planetarium
Blücherstr. 17, 5000 Köln 60
Laupheim
Sternwarte
Carl-Lämmle-Weg 5, 7958 Laupheim
Leipzig
Schulsternwarte der Oberschule Lindenthal
DDR-7000 Leipzig
Luzern
Planetarium LONGINES im Verkehrshaus der Schweiz
Lidostr. 5, CH-6000 Luzern
Magdeburg
Astron. Zentrum
Oberschule Nordpark, DDR-3000 Magdeburg
München
Planetarium u. Bayerische Volkssternwarte
Anzinger Str. 1, 8000 München 80
Planetarium im Deutschen Museum
Museumsinsel 1, 8000 München 26
Neumarkt
Bayerische Volkssternwarte Neumarkt
Deininger Weg 91, 8430 Neumarkt
Nürnberg
Planetarium
Am Plärrer 41, 8500 Nürnberg
Sternwarte
Regiomontanusweg 1
Ottobeuren
Allgäuer Volkssternwarte
Hörmannstr. 7, 8942 Ottobeuren
Paderborn
Sternwarte
Hohefeld 24, 4790 Paderborn
Potsdam
Jugendsternwarte
Neuer Garten, DDR-1502 Potsdam-Babelsberg
Radebeul
Volkssternwarte „Adolf Diesterweg“
Auf den Ehrenbergen, DDR-8122 Radebeul
Ravenstein
Sternwarte
Goethestr. 16, 6963 Ravenstein
Recklinghausen
Westf. Volkssternwarte und Planetarium
Stadtgarten Cäcilienhöhe, 4350 Recklinghausen
Regensburg
Volkssternwarte
Ägidienplatz 2, 8400 Regensburg
Reutlingen
Planetarium und Sternwarte
Karlstr. 40, 7410 Reutlingen
Rostock
Astronomische Station
Nelkenweg, DDR-2500 Rostock
Schneeberg
Pionier- und Volkssternwarte
DDR-9412 Schneeberg
Solothurn
Sternwarte der Kantonsschule
CH-4500 Solothurn
Stuttgart
Planetarium
Neckarstr. 47, 7000 Stuttgart 1
Schwäb. Sternwarte
Zur Uhlandhöhe 47, 7000 Stuttgart 1
Sternwarte der Universität
Institut für Plasmaphysik, Pfaffenwaldring 32,
7000 Stuttgart 80
Suhl
Volks- und Schulsternwarte
Grüner Weg 3, DDR-6000 Suhl
Tübingen
Astronomisches Institut der Universität
Waldhäuser Str. 64, 7400 Tübingen
Violau
Sternwarte Bruder-Klaus-Heim
8900 Violau 84 über Augsburg
Wien
Kuffner-Sternwarte
Johann-Staud-Str. 10, A-1160 Wien
Planetarium
Oswald-Thomas-Platz 1, A-1020 Wien
URANIA-Sternwarte
Uraniastr. 1, A-1010 Wien
Zürich
URANIA-Sternwarte
Uraniastr. 9, CH-8000 Zürich

Überregionale astronomische Vereinigungen

Astronomischer Verein zur Förderung himmelskundlicher Volksbildung in Österreich (Astro-Verein)
Seegasse 8, A-1090 Wien
Schweizerische Astronomische Gesellschaft (SAG)
Zentralsekretariat: Hirtenhofstr. 9, CH-6005 Luzern
Vereinigung der Sternfreunde e.V. (VdS)
Anzingerstr. 1 (Volkssternwarte), 8000 München 80

Das möchte ich schnell finden

Verschiedene Skizzen, Kurztabellen usw. werden oft während des Jahres gerne nachgeschlagen, sind aber aus technischen Gründen in die Monatsabschnitte eingeblendet. Hier ist eine Kurzübersicht, die lästiges Blättern ersparen soll.

Planetarium Stuttgart

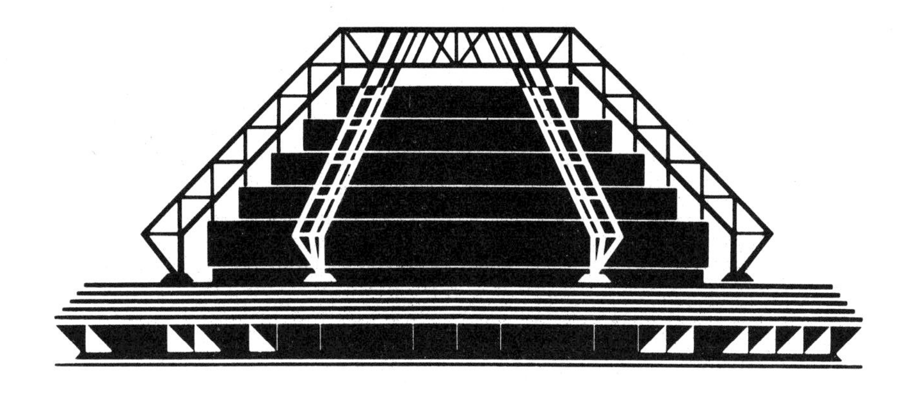

FENSTER ZUM ALL

Täglich außer Montag Sternenvorführungen im Kuppelsaal – unabhängig von der Witterung.

Für Gruppen ab 20 Personen ist eine rechtzeitige Anmeldung erforderlich. Für Einzelbesucher mit langem Anfahrtsweg sind Kartenvorbestellungen empfehlenswert.

Programme, Informationen, Kartenvorbestellungen:

PLANETARIUM STUTTGART, Neckarstraße 47, 7000 Stuttgart 1, Telefon (07 11) 29 09 40

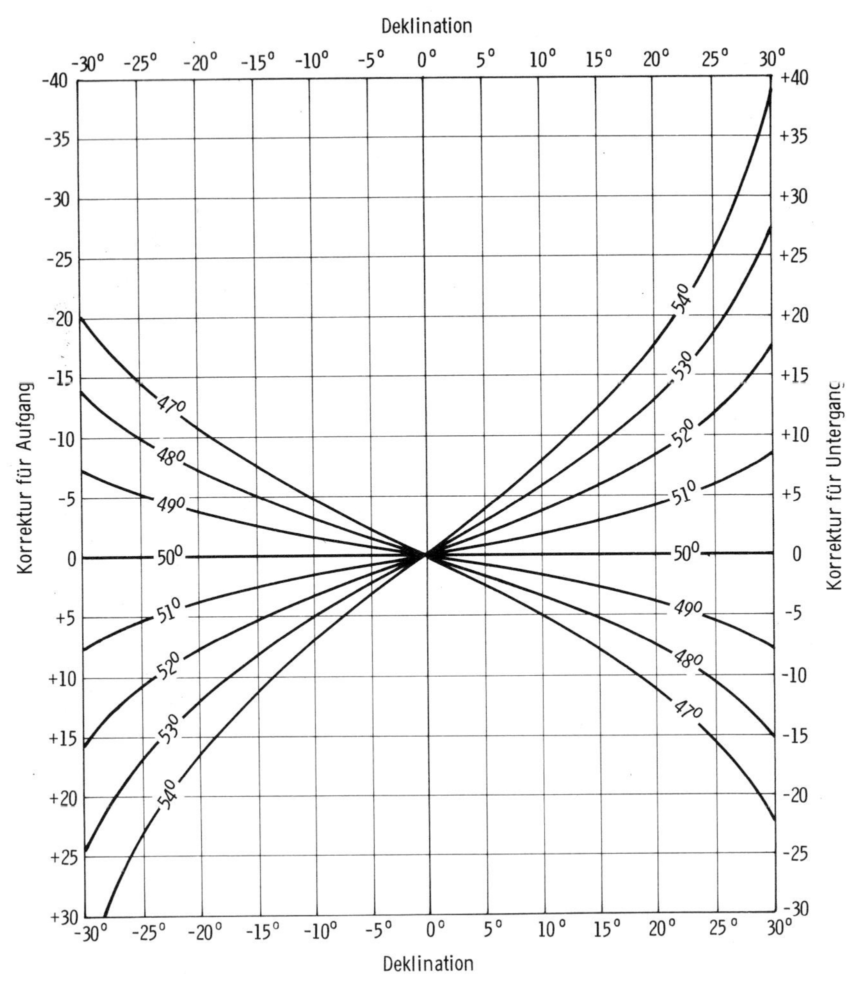

Abb. 88. Nomogramm zur Bestimmung der Auf- und Untergangszeiten (Erläuterungen siehe Seite 13). Die Korrekturen für Auf- und Untergänge sind in Minuten angegeben (senkrechte Achse).